Mr. Know All

从这里，发现更宽广的世界……

Mr. Know All

小书虫读科学

Mr. Know All

十万个为什么

能源革命

《指尖上的探索》编委会 组织编写

小书虫读科学

THE BIG BOOK OF
TELL ME WHY

作家出版社

策划出品 悦读名品 **图片服务** 悦读名品 123RF

能源为我们的生产、生活提供了大量的能量，与整个国民经济的发展息息相关。作为人类活动的物质基础，能源的有效开发和利用可以说是全世界、全人类共同关心的重要命题。本书针对青少年读者设计，图文并茂地介绍了什么是能源、为我们服务的常规能源、新能源带来的能源革命、节能与可持续利用、对能源的思考五方面内容。通过本书，读者可以重新认识能源的"革命"过程。

图书在版编目（CIP）数据

能源革命 /《指尖上的探索》编委会编. --
北京：作家出版社，2015. 11
（小书虫读科学 . 十万个为什么）
ISBN 978-7-5063-8549-7

Ⅰ. ①能… Ⅱ. ①指… Ⅲ. ①能源—青少年读物
Ⅳ. ①TK01-49

中国版本图书馆CIP数据核字（2015）第278859号

能源革命

作　　者 《指尖上的探索》编委会
责任编辑 王　炘
装帧设计 北京高高国际文化传媒
出版发行 作家出版社
社　　址 北京农展馆南里10号　**邮　　编** 100125
电话传真 86-10-65930756（出版发行部）
86-10-65004079（总编室）
86-10-65015116（邮购部）
E-mail:zuojia@zuojia.net.cn
http://www.haozuojia.com（作家在线）
印　　刷 北京盛源印刷有限公司
成品尺寸 163×210
字　　数 170千
印　　张 10.5
版　　次 2016年1月第1版
印　　次 2016年1月第1次印刷
ISBN 978-7-5063-8549-7
定　　价 29.80元

Mr. Know All

指尖上的探索 编委会

目录 Contents

第一章 什么是能源

第二章　为我们服务的常规能源

第三章 新能源带来的能源革命

我们每天都需要吃一些食物，为我们的身体提供能量，好延续我们的生命并从事各种活动。那些被我们吃下去的米面、蔬菜瓜果等等，都来源于植物。虽然它们外形各异、口味各异，但从本质上来讲，都是存储我们需要的能量的载体。而真正提供能量的是太阳。有了阳光，植物进行光合作用，从而将无机物转化成有机物并存储能量。而那提供能量的源头——太阳，便是一种能源。能源就是能量的来源。

当然，能源并不是只有太阳这一种，在这一部分，就让我们来看看到底什么是能源以及能源相关的基础知识。

第一章 什么是能源

1. 什么是能量

在我们认识能源之前，先来了解一下“能量”。我们跑步需要动能；我们想要灯亮时，需要电能；如果我们还想要长得更高一些，就需要吸收更多食物中的营养物质释放出的能量。能量是人们赖以生存和进行生命活动的基础，是保持人类万物生生不息繁衍前进的源泉，也是维持整个大自然变化平衡的守护者。那么，在整个宇宙都如此重要的能量，在物理学上的定义又是什么呢？

事实上，世界所有的事物都是在不断地运动着的，它们能够维持运动状态的原因是它们消耗了一定的“能量”，简称“能”。例如：汽车在奔驰时消耗着动能，电灯亮着消耗了电能。正是这些能量的耗费，才让我们的世界亮丽起来，更显出多姿多彩。而且，当两种物体的运动方式不一样时，我们也可以根据它们耗费能量的多少，比较它们所作出的贡献。

既然能量这么神奇，那它是不是万能的呢？其实，能量是一个非常慷慨又非常自私的家伙。虽然它无私地奉献了自己，为整个人类乃至世界造福，但是，不同的能量却不能共存。两种或多种不同性质的能量，是不会相互协调、共同进步的，如果它们相遇，能量之间就会自动地进行转化、分解。例如：汽车在行驶中，石油的化学能就会自动转化为奔驰的动能，转化不了的也会自动分解掉。这就是能量的“自私”。

2. 能量都有哪些形式

我们曾经说过：不同的能量之间是不能共存的，能量之间会转化、分解掉。那么能量和能量之间也有区别吗？能量又有多少不同的种类呢？其实，有多少种不同的运动形式，就会有多少种不同形式的能量。

地球上的能量大部分都来源于太阳。按照不同的形式，能量主要可以分为机械能、电磁能、内能、化学能以及核能。其中，机械能就是物体进行机械运动时的能量，它是动能和势能的总和，也就是物体的运动和高度的变化所产生的能量形式。电磁能就是电磁场所具有的能量，是电场能和磁场能的总和。外部的运动会产生能量，物体内部也会有微小的肉眼看不到的分子在运动，这些分子所具有的动能及势能的总和就是内能。还有化学能，它就是化学反应时所释放的能量。而核能一种新型的能源，则是利用了原子的核心裂变或聚变产生的能量。这些不同的形式的能量，虽然表现各异，但是它们之间相互转化，共同构成了能量的世界。

尽管能量有多种不同的形式，但它们之间能够相互转化，这就表明了不同形式的能量在本质上是一样的，也就反映了物质的运动虽然形式不一样，但它们有内在统一的度量方式。

3. 能源是什么

能源，在《科学技术百科全书》中的定义为：能源是可从其本身获得热、光和动力之类能量的资源。而在《大英百科全书》上又将其定义为：能源是一个包括所有燃料、流水、阳光和风的术语，人类用适当的转换手段便可让它为自己提供所需的能量。能源在不同的百科全书上有着不同的定义，目前就有差不多20种关于能源的定义。但是，仔细分析这些定义，我们可以发现：无论在哪一种定义里，能源似乎都是一个可以向我们提供能量的东西，那么能源到底是什么呢？就让我们一起来探究一下。

其实，能源非常简单，它就是大自然无私奉献给我们的，能为我们提供某种形式能量的物质资源，所以，又被我们称为“能量资源”。例如：煤炭、石油、天然气、太阳能、水能和风能等，都是我们可以利用的能源。它们虽然“相貌”不同，但都可以为我们的生产和生活提供不同形式的动力，可以产生巨大的能量。有效地利用它们，可以方便我们社会生活的方方面面。在这些不同类别的能源里，有的我们可以将其转化成需要的能源直接使用，而有些我们需要加工一下才能转化为我们想要的能源。

不同的能源可以提供不同形式的能量，它们都是产生能量的源泉，所以能源的形态也是多种多样的。例如：煤炭燃烧就可以为我们提供热能，而长相不同于煤炭的石油，燃烧就可以为我们提供动能。可见，能源是一种物质，却可以呈现出多种不一样的形式。

4. 人们怎样度量能量

我们在精力充沛的时候，会觉得身体里好像蕴含了无穷的能量；我们在跑步运动的时候，也会计算自己运动时消耗掉了多少能量；我们每日用手机和电脑也会使它们消耗掉一定的电量。由此可见，能量也是一个可以度量的量，能量也是有大小的。那么，应怎样比较能量的大小呢？我们每次消耗掉能量的形式也不尽相同，不同形式的耗能又是怎样比较多少的呢？

事实上，能量是通过做功的多少来比较大小的。什么是“做功”呢？其实“做功”非常简单，例如：物体在一定力的作用下沿着用力的方向运动了一段距离，我们就说这个“力”做了多少“焦耳”的功。所以，衡量能量大小的单位就是焦耳，简称“焦”，也就是平常我们说的消耗了多少焦的能量。

那么电灯泡、电池、电冰箱等这些电器上边怎么没有“焦耳”的影子呢？事实上，这不是电能没有做功，而是我们常用“千瓦时”这个能量单位来作为电量的衡量标准。还有，在营养学上，我们还会使用“卡路里”来计算能量。但是，由于能量的不同形式之间是可以相互转化的，在中国已基本上统一使用“焦耳”来作为能量的度量单位，只是在电能和热量上使用我们惯用的能量单位。

5. 能量都去了哪里

人需要吸收能量才能茁壮成长，于是，我们吃掉食物吸收能量，消耗能量，最终排泄出未能吸收掉的能量。那么，这些没有吸收掉的能量，最终去了哪里呢？它们是凭空消失了吗？

能量自然是不可能消失的。它只会相互转化，进而传递下去，而整个生态系统能量间的传递及转化就是通过食物链来实现的。那你知道什么是食物链吗？其实，食物链就是自然界内各种生物根据它们之间吃与被吃的关系，一层连接着一层，把世界上所有的生物种类都紧密连接在一起的能量链。高一级的生物会通过吃掉低一级的生物获取低一级生物所蕴含的所有能量，从而将能量传递下去。食物链中主要的生产者是植物，它通过光合作用吸收能量，传递给消费者。而那些没有被我们身体消耗掉的能量会被排泄出体外然后被分解者分解利用。而分解者还能够分解利用消费者的粪便、遗体以及树叶残骸所蕴含的能量。最终，分解者也没有消耗掉的能量就会转化成热量，以二氧化碳的形式在空气中飘荡，还有一部分会埋藏在地下，转化为石油这样的化石能源。

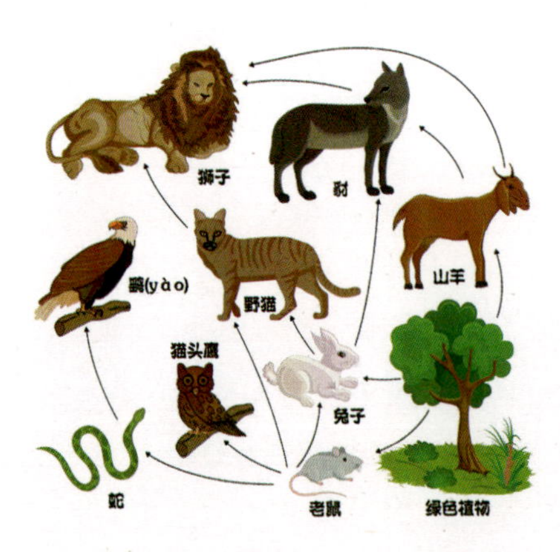

这样我们可能会想，空气中的二氧化碳岂不是越来越多，那么氧气不够了，我们该怎样呼吸呢？其实，植物在进行光合作用时，是吸收二氧化碳释放氧气的，这样空气中的二氧化碳会被再次吸收掉，再生成能量，周而复始，永久地循环下去，是不是很神奇呢？

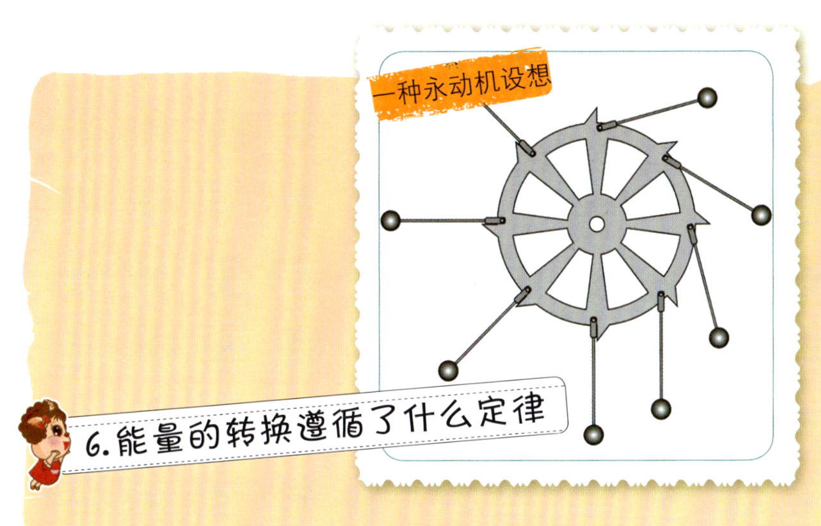

6. 能量的转换遵循了什么定律

我们知道不同形式的能量之间是可以相互转化的，而且我们了解到能量也可以向外传递，最终在整个自然界内循环的。那么，能量的传递转换之间还蕴藏着怎样的奥秘呢？

能量在自然界内一级一级地传递，最终吸收不了的能量会转变成热量被释放出来。观察这些能量的总量，我们会发现：能量无论转换成怎样的形式存在于大自然内，其总量是不会发生改变的，也就是说，能量既不会凭空消失，也不会随机产生，它通常只能是从一种形式转换为另一种形式，或者从一个物体内传递到另一个物体内，在这一系列的过程中能量的总量是保持不变的。这就是“能量守恒定律”。

关于能量守恒定律有一个很有趣的故事：大约在13世纪，世界上忽然刮起了一阵风潮——制造永动机。根据能量守恒定律，能量的总量是不会改变的，那么如果有一个机器可以运动，给它一个初始的能量，让它运动，那么不需要外界继续再输入能量，能量便会在这个系统内一直传递下去，这个机器就能够不停地运动，这就是永动机。这个看似合理的说法，其实是不成立的。因为运动会遇到摩擦，摩擦会生热也就消耗掉了能量，而完全没有摩擦的平面是不存在的，所以，系统内的能量是不断减少的，运动一会儿后就不足以维持接下来的运动了。只有整个大自然内的能量才是守恒的，所以，永动机永远不可能做成。

7. 植物是怎样获得能量的呢

人人都知道人类通过食物获得能量以维持生存，那么，植物是怎样获得能量生长下去的呢？你可能会回答：当然是从水和土壤中获得，如果人类不给植物浇水，植物就会渴死的！事实上，绿色植物获取能量的最主要途径是“光合作用”，也就是吸收太阳的能量。

众所周知，地球上的能源基本上来源于太阳。绿色植物内含有一种化学物质叫作“叶绿素”，这种物质可以吸收太阳光中的能量，所以在有光照的环境下，植物在太阳光提供的能量的帮助下，会把周围空气中的二氧化碳吸收掉，并在体内转化成有机物并释放出氧气，而其中转化生成的有机物就会以能量的另一种形式储存在植物的体内，在植物需要时，被分解释放出能量来，植物就通过这样的“光合作用”来获取能量。其实，光合作用是一个非常复杂的化学过程，就是通过这一系列的转变，才使太阳能以及二氧化碳转化为能量储存在植物体内，而后，能量又通过食草动物把植物吃掉、食肉动物又把食草动物吃掉的过程，在整个食物链内传递，才让这个世界都充满了能量。所以说，绿色植物的光合作用是非常重要的。

你有没有观察到：生长在阳光充足地方的树木比别的地方的植物要旺盛很多。这就是因为在阳光下，植物可以进行更多的光合作用，获取更多的能量，所以长得也就格外茁壮了。

8.动物怎样获得能量

通常在我们的印象里动物是通过摄取食物中的营养来获得能量的。你知道动物靠什么获得能量吗？其实呢，动物通过食物只能获取大量的有机物，它主要通过呼吸作用，将体内的这些有机物转化成能量，才能完成一切生命活动！

动物的“呼吸作用”，可要比植物的“光合作用”的要求少多了。如果这个动物有鼻子，并且周围的空气内有充足的氧气，那么动物就可以进行“有氧呼吸”，通过鼻子吸收进氧气，体内的有机物（例如：糖类，脂肪等）遇到氧气后就会氧化分解生成二氧化碳排出体外，同时，还会有大量的能量产生。还有一些时候，由于缺少氧气，这时动物就会进行“无氧呼吸”。动物体内的有机物通过体内的一种化学物质“酶”，就可以直接分解出能量，供自身使用。当然，这种情况下释放出的能量较少，也会耗费更多的有机物。

动物通过“呼吸作用”可以将有机物转化为能量供自己使用，还能将氧气一次转化为二氧化碳，让植物再次吸收，这样周而复始，我们的能量之源就可以多次利用了。

9. 人有什么特殊方式获取能量呢

人类作为动物的一种，获取能量的方式当然也和动物差不多。人们热衷于制作各种口感丰富、营养均衡的食物，不仅仅是为了满足自己的口腹之欲，更是为了均衡地摄取各种营养。当然，人类烹饪后的食物也并不比动物获取的食物含有的能量多，也就是说，人类也需要通过呼吸作用将有机物分解出更多的能量，使身体内的各个细胞、器官能够正常地工作。

当然，人类作为高等动物，有智慧、有思想，发明了不同的方式让那些不能够正常进食的病人也能够获取能量，这又是怎样做到的呢？我们都知道：在生病的时候，医生可能会让我们打吊针，这时候吊瓶内的药物就会顺着我们的静脉血管进入我们的身体，为我们治病。后来医生又发现，其实一部分营养物质也可以通过静脉注射进入人们的体内，不需要经过肠胃的消化，就可以分解成身体可吸收的营养物质。所以，医生们就合成各种人体所需的、不通过肠胃就可以消化分解的营养物质，制成病人所需的营养液，通过静脉注射把营养输入病人的体内，保证病人的身体机能。

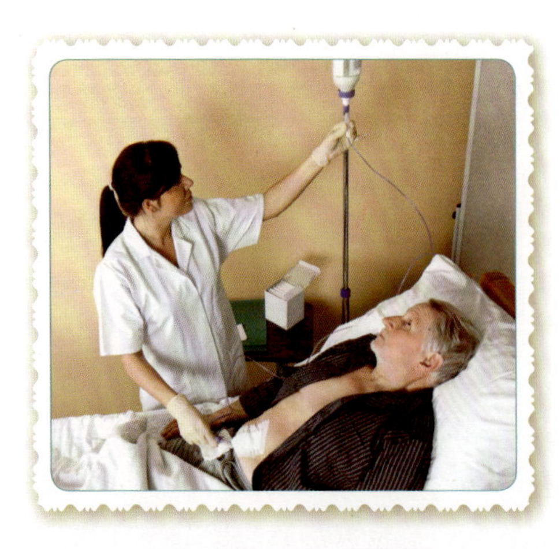

而且，人类还可以进行无氧呼吸。当我们在奔跑时，有氧呼吸产生的能量就不足以支撑我们所消耗的能量，身体内的细胞就会同时进行无氧呼吸，释放出更多的能量。这时，我们体内的有机物就会分解成“乳酸”这种物质。所以，当我们停下时，由于乳酸的存在就会感到身体酸痛。

10. 能源是能量的来源吗

“能源”顾名思义：能量之源。但是，能源就是字面上能量之源的意思吗？

能源可以产生能量，自然界内蕴藏着大量的能源，向我们提供能量。那它的定义到底是什么呢？能源就是可以产生各种形式的能量（如热能、电能、光能和机械能等）或者使用它之后可以做功的物质的统称，简而言之，它是可以为我们提供能量的资源。

能源是大自然对我们的馈赠，为我们提供着各种形式的能量。既然为我们提供能量的就是能源，那么食物是不是能源呢？你可能会想食物为我们的身体提供能量，它当然是能源了。事实上，能源是指向自然界提供能量转化的物质，食物只是对吃的东西的一个统称，它只在人体内进行能量转换，所以不是经济学意义上的能源。自然界内有很多东西为我们提供着能量，真正的能源是那些经过一系列加工、转换后真正释放能量的物质！

11. 能源有哪些种类

能量的形式多种多样，比如机械能、电磁能、内能、化学能还有核能，那么这么多种形式的能量都是由一种能源产生的吗？这当然不可能，自然有各种各样的能源！那能源又是怎样分类的呢？

能源分类的方式也是多种多样的，如果按照它的来源分，我们可以将其分为三大类：第一类是来自地球外部天体的能量，主要是太阳能，包括煤炭、石油、天然气、水能、风能等。它们都是通过太阳能的转换或是经过植物的光合作用把太阳能转变成化学能在植物们的体内存储下来形成的能量，所以这些都来自于太阳能。第二类是来自地球本身的能量，如地热能，原子核能等等。第三类是像潮汐能这样的由月球、太阳等天体与地球相互作用而产生的能量。

能源还可以根据产生方式进行分类，分为一次能源与二次能源。在自然界直接存在的能源，如煤炭、石油、天然气等就是一次能源。而需要用一次能源再加工才能转换而形成的能源，比如电力、煤气等就属于二次能源了。其中，一次能源又被分为：可再生能源与不可再生能源。顾名思义，短期内不可能再生出来的能源就是不可再生能源。在自然界中可以循环再生的能源就是可再生能源。能源还有很多种分类方式，例如：常规能源与新能源、燃料能源与非燃料能源等，根据不同的划分方式，能源就可以划分为不同的类型。

12. 我们是怎样一步步开始使用能源的

人们常说：能源使用的进步就是人类前进的基础。这是什么意思呢？原来，人类每一次的科技进步都伴随着一种新能源的出现，我们来看看人类是怎样开始一步一步学会使用并且开发出新能源的。

在几十万年以前，人类还处在柴草时期，这个时期的人们刚刚懂得钻木取火，摆脱了生食食物的痛苦，这是人类在利用能源方面的第一次大突破。而后，人们一直都使用火做饭、取暖、照明，这种利用能源的方式一直持续到 18 世纪才被打破。这是因为，人类发现了煤炭这种可燃物，煤炭开采后使用方便，热量大，比火好用多了，至此之后，人类开始频繁使用煤炭。直到 18 世纪末，伟大的发明家瓦特发明了以煤炭为燃料的蒸汽机，可以将煤炭燃烧的热量转化为动能使用，这就使人们能够更加方便地利用能源了。于是第一次工业革命来了，煤炭迅速地取代了钻木取火，人类进入了机械化时代。不过，这时有一样更好用的能源被我们遗忘了，它就是石油。史料记载，中国人很早之前就发现了石油，却不会使用。直到 19 世纪初，德国人制造了以石油为燃料的汽车，石油的时代才刚刚到来，这种热量更大的能源很快就被我们所喜爱，到了 19 世纪末，石油的使用量已经超过了煤炭，而工业也伴随着石油的出现向前发展了一大步。

就是这样，新能源被我们一步一步的发现，人类的社会在这些能源的伴随下也一步一步走向繁荣昌盛。

13. 人们是怎样使用能源的呢

不同形式之间的能量可以相互转化。那么，能源转化了是不是为我们提供的能量就不一样了呢？

其实，我们利用能源的方式就是利用某种机器将能源内蕴含的能量释放出来或者转化成我们所需要的能量，所以说，能源的利用就是能量的转化。例如：风、气流这些内部蕴含了大量动能的能源，当我们在使用它的时候，可以利用一些机械（像风车）将动能转换化为电能。而波浪由于上下的波动改变了高度，就具有了势能，这时，我们就可以使用水车这样的器械将势能转化为动能。还有，煤、石油和天然气这种常规能源，我们可以通过燃烧将这些物质内部的化学能转化为热能使用，然后可以再通过如内燃机、汽轮机、燃气轮机这样的器械转化为动力，就可以带动许多机器或者交通工具工作了。

那么，能源不转化，直接使用可以吗？事实上，有些能源是可以的，有些能源却不可以。比如火，它产生的热量就可以让我们直接取暖或者做饭使用。而石油这种同样可以提供热量的能源，其本身蕴含的化学能却不可以直接使用，我们必须将其燃烧，才能获得热量。

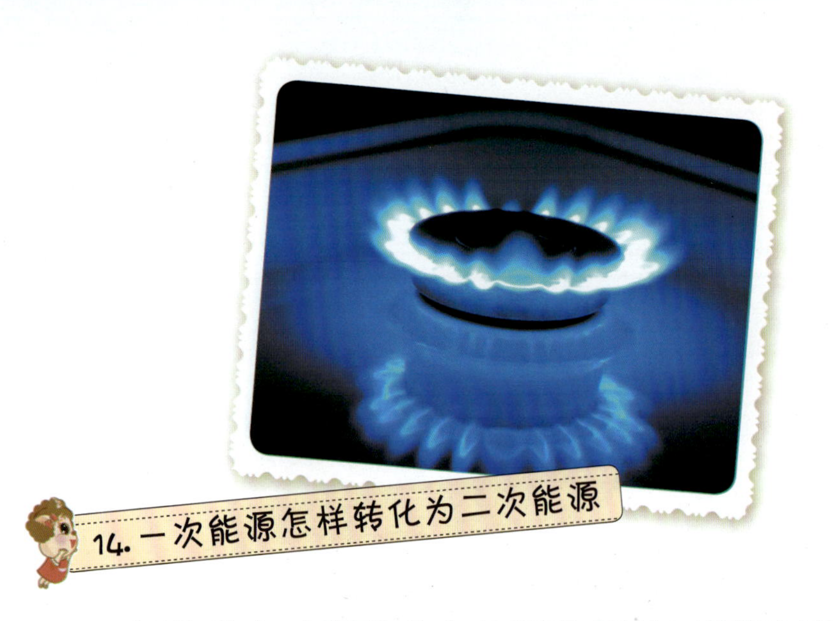

14. 一次能源怎样转化为二次能源

我们都知道“二次能源”是“一次能源”经过加工转换而成的能源产品，但是，哪些能源属于二次能源呢？告诉你吧，除了石油原油是一次能源之外，其他都是二次能源。二次能源又是怎么加工得来的呢？

原来能源加工与能源转换实际上是两种不同的工艺技术。能源加工，指的是能源在物理形态上发生改变，也就是它的外表变了。我们使用最多的石油制品，就是使用物理方法把原油加工为汽油、柴油等。煤炭的洗选，它的加工工艺更复杂，需要用筛选、水洗两步才能将原煤洗选成洗精煤。这时煤炭的品质就会提高，燃烧得就更彻底，可以提高利用率，而且还减少环境污染。可能这些能源我们接触得比较少，我们常见的厨房使用的煤气，就是由煤炭经过气化加工而成的。

再看能源转换，它可不仅仅是能源的外表变了，它是能源的内部结构以及能量形式都发生了改变。比如：按照一定的工序裂化后，重质石油就可以转化为轻质石油，这时，它的内部结构可就完全不一样了。还有利用一定工艺将动能转化为电能，这些都是能源的转换过程。正是由于这些工艺，才让我们获取了更加优质的能源，更加充分地利用能源，不浪费，而且环保。

15. 地球上的能源是怎样形成的呢

我们人类和动物、植物维持生存所耗费的能量最初都是由植物进行光合作用得到的。由此，可以推断出：生物作为食物资源，它的能量来源是太阳。那么，你有没有考虑过，像石油、煤炭这样的化石资源它是怎么形成的呢？也是来源于太阳吗？

其实，石油、煤炭的形成过程非常漫长。目前主流的看法认为，石油是动物的尸体在海底被掩埋后，埋藏在地下数百亿年，历经地壳运动以及一系列的化学反应之后形成的。动物的细胞在这个漫长过程中会组成碳氢化合物埋藏于地下，我们把这些含有大量碳氢化合物的岩石称为“石油源岩”，而这些埋藏于地下的石油源岩在地壳运动时，因为地热和压力的改变，再加上另外很多种类的化学反应的作用，就产生了石油，石油积聚在岩石的间隙之中就形成了各种油田。由于动物尸体内的所蕴含的碳氢化合物也来源于太阳，所以说，石油的形成也与太阳有密不可分的关系。

那么，煤炭是怎么形成的呢？它的形成与石油非常相似，它们都是由远古生物体的遗体在地壳运动中被掩埋到地下，然后在地热和压力的作用下发生化学反应形成的，只不过煤炭大多是由植物死亡后形成的，最终呈现为固态。而且，一般说来在海底中被掩埋的生物更容易形成石油，在大陆上被深埋的生物容易形成煤炭。

16. 雷和闪电也会释放能量吗

在夏季下雨时，天空通常都会电闪雷鸣，看起来分外壮观。这种天气现象十分常见，但雷电也会带来十分巨大的危害。一阵雷雨过后，有一些房子会被雷电击穿、有些森林还会燃烧起来，所以，国家会要求我们在房子上安装避雷针以躲避雷电，这是什么原理呢？

原来啊，雷电一般产生于含有很多水分的积雨云中，积雨云中又有很多我们看不到的含有电量的小分子，而且这些小分子上下层性别还不一样。平常这些上下层的小分子不能见面。但是，当很多很多小分子都来到这片云彩后，一个地方就不够住了，上下层的带电小分子就会来回跑，不同性别的小分子相遇后就擦出了火花，使云层中成千上万的电子瞬间释放，巨大的电力火花就形成了闪电。闪电过程中，会产生高温，由于热胀冷缩，空气就会随着热量膨胀，热散去后，空气又收缩，这样一来空气就会剧烈地振动，于是又有了我们听到的雷声。

所以，打雷和闪电伴随着巨大的热量和极强的电力。据估计：一次闪电的能量大约相当于600千瓦电，它能击毁房屋，还会引起森林火灾，破坏高压输电线路。一旦人类被闪电击中，瞬间就会被烧焦。在夏季打雷时，我们切不可站在荒野或者树下，以防意外。

17. 能源是不是商品

现在的社会，距离的遥远以及物资的贫乏已经不再是问题，我们所需的东西基本上都可以在超市或者商场里买到。所有的用于交换或者售卖的物品都被称为“商品”，商品是对于市面上可以买卖的物品的一个统称。那么，能源是不是商品呢？我们能够在加油站买到汽油或者柴油，我们可不可以说能源也是商品呢？

其实，既然加油站内可以售卖汽油或者柴油，它们当然也是商品的一种。那这样就代表了所有的能源都是商品吗？其实不然，因为只有能够作为商品销售，我们可以购买到的能源才是商品，这类商品又被我们称为“商品能源”。而那些不能在市面上销售的，也不用于买卖的能源就不属于商品，我们把它们称为“非商品能源”。如农作物遗留下来的秸秆之类的东西，它们可以用作燃料制造热量，还可以放入沼气池中产生沼气像天然气一样供人类使用，无疑也是能源的一种，但是没有在市面上销售，就不是商品，属于“非商品能源”。

像风能、海洋能这些能源都不参与买卖，它们都属于非商品能源。目前国家统计的商品能源是煤炭、石油、天然气、水电、核电这五类，其他的都归属非商品能源。

18. 每一种能源都只有一种对应的用途吗

能源多种多样，转化的形式也是多种多样。在日常生活中，我们使用能源的方式通常很单一。例如，我们使用煤炭来取暖、做饭，利用太阳能做电池。难道一种能源就只有一种用途吗？能源到底应该怎样使用呢？

能源的转换是多种多样的，这就造就了能源可以有许多种使用方式，也就不只有一种用途了。而且，有些能源可以运输到不同的地方使用，在不同的环境下使用，也会有不同的用途。以煤炭为例，在家中，我们可以使用它生火，煤炭的化学能就转化成了热能，可以用来做饭、取暖；在工业上，大量使用煤炭产生热量，烧水就可以产生水蒸气，使用蒸汽机又可以将这些热能转化为动能，推动机器的运转；还可以用汽轮机带动发电机，把这些热能转化为电能，通过电线，最终传送到千千万万家使用！

其实，每一种能量在不同的条件下使用时，都会有不同的用途。所以，我们每天进行那么多种不一样的活动，却使用有限种类的能源，也不会觉得这些能源的种类不够多，能源不够用，影响我们的生活。

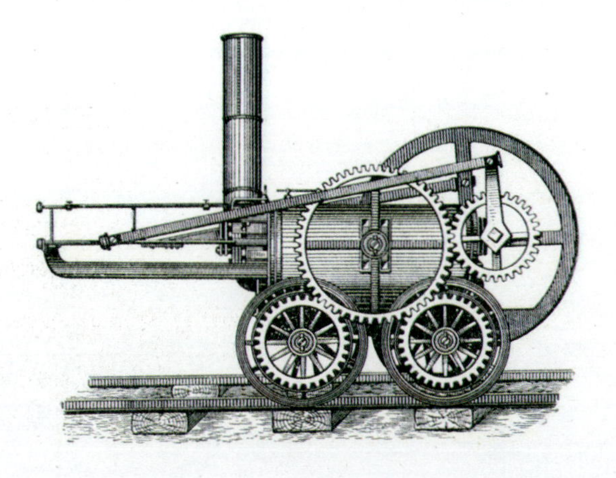

19. 地球能源有多少

地球上储藏着极其丰富的能源物质，已经供我们从远古时期使用至今。其中我们使用最多，作用最广的能源就属化石能源了。无论我们的汽车，还是工厂的机器都离不开化石能源。化石能源让我们使用了这么多年，渐渐地我们就忘记了一些问题：地球上蕴含的这些能源有多少呢？还够我们用多少年呢？除了这些供机器设备使用的化石能源，我们身体必需的水能源又还有多少供我们生存呢？

据科学调查显示，中国仅 2010 年一年消耗的能源总量就达到了 32.5 亿吨标准煤，位居全球第一。而现在世界上剩余的石油储量仅剩 10195 亿桶，是不是听起来还有很多呢？可事实上：这些石油如果仅仅只让中国使用，也只能再用 70 年，按照全世界使用来计算，就只够使用不到 40 年了。即使不为我们的子孙后代考虑，在我们这一代，石油能源就可能会枯竭。再看天然气，世界上现有的储量只有 144 万亿立方米，可开采 63 年，如果我们采用高成本技术，深开采还能使用 452 年；煤炭埋藏量还剩 10316 亿吨，可供使用约 200 年。也就是说按照现在的开采速度，几百年后的人们，很可能就没有能源可供使用了！

也许这些能源不是那么的紧迫地影响你的生存，但是，我们的淡水资源也只能够使用 100 年了。所以，我们不能因为能源无私地供我们使用了这么多年，就习以为常，不懂得珍惜。地球能源并没有多少，请珍惜使用吧！

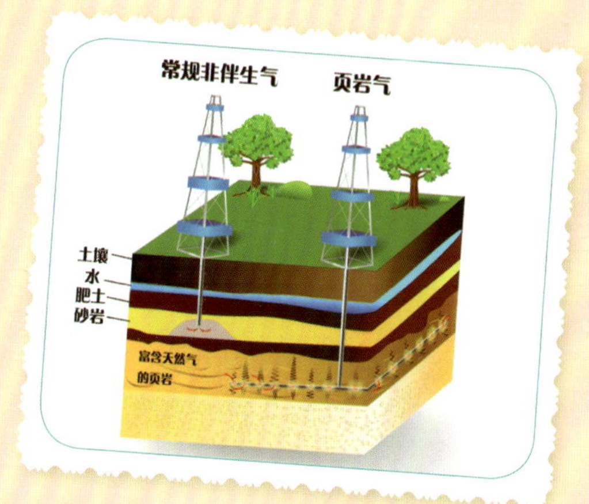

20. 什么是常规能源与新能源

能源的形式多种多样，分类的方式也有很多种，根据能源开发技术的成熟程度，我们又将能源分为常规能源和新能源。这也是我们最常见的分类方式。那么，到底什么是常规能源呢？哪些能源又被称为新能源呢？我们来深入地了解一下。

事实上，常规能源就是我们说的传统能源，就是那些伴随着我们社会生产进步而产生的已经可以大规模生产并广泛应用的能源。比如我们常见的煤炭、石油、天然气等。开采这些能源的技术已经非常成熟了。除了这些常见的传统能源，其他的能源形式就是新能源了。这些能源由于产生较晚，而且技术较为先进，一些地区还没有引进，所以，应用范围比传统能源要窄。但是，新能源大多数是可再生能源，这些能源储量丰富，如果我们能够进一步开发利用，最终这些新能源就可以让我们广泛使用，缓解目前世界范围内能源的紧张形势。

新能源是最近几年才被人类开发利用、还需要我们进行更多研究的能量资源。但是，新能源不可能永远都是新能源，它只是在当下的科学水平下，对比传统能源被冠以“新能源”的称号。一旦我们的科技更加发达，这些新能源终究也会成为传统的、便于我们使用的常规能源。而现在，这些新能源一般指的是风能、核能、氢气、太阳能和地热能等类型的能源。

21. 常规能源是可再生能源吗

仔细观察一下周围，我们可以发现：现在我们所能直接利用的能源形式基本上都是热能，这也就导致了我们使用得最多的能源就是煤、石油、天然气。这些我们常常使用的能源被称为常规能源。常规能源是最基本的能源。常规能源是可再生能源吗？还是用完就没有了？

事实上，常规能源的储存量是十分有限的。从前面所讲的我们知道，这些常规能源形成过程实在太长，甚至已经超过了人类形成发展过程。而且在整个形成过程中有许多复杂的化学变化和外部条件，人类对此还没有研究清楚，人类也不可能复制出同样的过程，将煤、石油、天然气这些常规能源再造出来。所以说，常规能源不是可再生能源。常规能源内大多含有硫、氧氮化合物这样的污染物质，过多使用，还会造成酸雨、雾霾等污染，对我们的环境有着十分大的危害。

而没有了这些常规能源，我们要怎样生存呢？科学家们已经发现了大量的新能源。这些新能源大多都是可再生能源，而且清洁高效，很好地解决了利用常规能源所带来的问题。但是，目前新能源的应用技术还不完善，还不能完全代替常规能源的使用。不过，还是可以缓解常规能源耗尽的危机，也是对环境的一种改善。

据记载，早在3000年前，人类就发现并开始使用煤炭。我们中国人在两千多年前的西汉时代开始使用煤炭生火，而当时的欧洲人还不知道何为煤炭。直到13世纪，意大利人马可波罗来到中国见到了这种“可以燃烧的黑石头”。到了18世纪的蒸汽时代，煤炭开始得到广泛地运用，用来烧水产生蒸汽作为动力来推动机器。在随后的时代，煤炭成为了一种被大规模开采生产并广泛使用的常规能源。

如今，与煤炭同属于常规能源的还有石油、天然气和水力。在这部分，我们就来认识一下这些我们经常使用的能源吧！

第二章 为我们服务的常规能源

一、煤炭

22. 黑色的石头都是煤炭吗

你见过煤火炉子吗？煤火炉子内烧上煤炭，在上面放置一口锅，我们就可以煲出香喷喷的排骨汤了。关注鲜浓的排骨汤时，你们有没有注意过烧火用的煤炭是什么样子呢？黑乎乎，硬硬的，是吧？对！但是，所有的黑乎乎硬硬的东西都是煤炭吗？

煤炭就是一种可以燃烧，释放出大量热量的固态的有机岩。普通的岩石点不燃，可煤炭就不一样了。它不仅能够点燃，还可以释放出大量的热量供我们烧水、取暖等，所以它是非常好用的能源！煤炭，被叫作有机矿物，因为它是由植物历经几亿年的转化形成的，主要由碳、氢、氧这些元素构成。除此之外，在这几亿年的形成过程中，煤炭内还夹杂了许多放射性的非常稀有的元素如铀、镓等，这些元素是用来制作半导体和原子能装置的！

煤炭作为世界上分布最广泛的能源，只是一个总称，它也有很多种类。不过，按照它的不同特征，国际上主要把它分为三类，分别是褐煤、烟煤、无烟煤。顾名思义，无烟煤燃烧时冒烟极少，我们可以将它直接当成燃料使用，还可以制作成煤气。而烟煤大部分使用于炼焦或者是气化工业上，褐煤则多用于工业上或者动力锅炉中。

23.煤炭是植物呢，还是岩石

现在我们已经知道：煤炭是由植物沉积后，经过一系列的变化作用形成的黑色有机矿物。那么问题来了：煤炭是由植物形成的，它是植物吗？它又是黑色的有机矿物，属于岩石吗？好像听起来都挺有道理的，那煤炭到底是植物还是岩石呢？我们要好好探究一下了。

事实上，虽然煤炭是由植物形成的，但是，经过漫长年代的分解、变化之后，它的内部只遗留了一小部分的植物组织，大部分化学成分以及物理性质都已经与大自然融为一体，形成了岩石。所以，煤炭不是植物，而是岩石。而且岩石不仅仅是固体，它可有三种状态：固态、气态以及液态，不过主要是固态物质。所以，我们误以为岩石都是固态形式。而我们常见的石油却是岩石的液态形式，天然气是气态形式。

根据形成的原因不同，岩石分为很多种：一种是由地球内部极其高温的岩浆物质在地壳上升时喷出，而后遇外部低温冷凝，最终形成的岩浆岩；还有一种就是在常温、常压条件下，地表上几亿年来风化的物质、火山碎屑以及一些有机物经过地壳运动后，沉积到地下经过一系列的化学变化形成的沉积岩；还有一种是原有岩石变质了，形成了变质岩。沉积岩就是由生物沉积地下经一系列变化形成的矿物岩石，而煤炭就是由植物沉积后形成矿物岩石，但它已不属于植物，而是岩石了。

24. 煤是怎样形成的

当今世界，煤被人们称为“黑色的金子”，可见煤炭是多么具有价值。那么，煤是怎么形成的呢？想必你有许多疑问。

千百万年前，这个世界上到处都是森林和沼泽，当时的世界上还没有人类，森林周围就是大面积的海洋。但是，那个时候的海平面是不稳定的，它经常起起伏伏。当海平面上升时，海水漫延出来，流淌到森林里，就把植物淹死了。这些植物死亡后，残骸就浸泡在海水里，与氧气隔绝。这样植物就不会完全的氧化分解，当海水一次次冲刷后，这些未分解的植物残骸就会被埋入地下。在地与地底之间形成了一个有机层，而这个有机层就是这些植物的残骸构成的。之后，海平面依旧起起伏伏，就会带来更多的植物残骸。最终，这些有机层会越来越厚，在漫长的岁月里，还会经过无数次的地质作用，地表温度升高、压力越来越大，经过一系列的物理化学变化，最终让这些有机层变成了煤层。这就是我们现在所挖掘的煤矿。

在远古时期陆地上到处都是森林和草原，但是地下并不是到处都有煤炭储存的痕迹，这说明煤炭的形成需要极为复杂的条件。所以，煤炭的形成是一个非常复杂的问题，还有很多关于它形成的结论都需要我们进一步地研究和探讨。一旦我们将这些煤炭使用完了，等新的煤炭生成是遥不可及的。

25. 煤炭主要分布在什么地方

中国是世界上最早发现和使用煤炭的国家，根据《吴越春秋》的记载，早在春秋战国时期，我们的祖先就已经开始利用煤炭烧火来冶炼兵器了。不仅如此，中国的煤炭储存量在世界上也是名列前茅的，到2008年，中国煤炭的储量为1145×10^{8}吨，占世界总量的13.9%。那么，在大自然中，煤炭大多分布在哪里呢？有没有什么规律呢？

煤炭是亿万年来，大片的植物由于地壳的变动被埋入地下，长期与空气隔绝，并在地下的高温高压环境下，经过一系列的物理化学变化后形成的可燃物质。所以，煤炭的形成需要地质变动，因此大多数的煤炭都分布在地质活动活跃的地方，这些地方大多是地震高发带，这样掉落的树叶、树茎容易沉入地下，形成煤炭。比如法国的阿尔萨斯、美国五大湖周围地区、波兰大部、德国的鲁尔区，这些地方都是地壳经常活动的地方，拥有大量的煤炭储备。

不过，煤炭的分布也有例外，并不总是在这些地质活跃的地方，像中国的山西、内蒙古、河南等地方并不是地震高发区，为什么也有煤炭分布呢？原来，在古代煤炭的形成期，中国的气候温暖湿润，适宜煤炭形成，而且在之后的数十乃至成百上千年内，这些地区盆地持续下陷，将这些植物的残骸掩埋，再加上适宜的气候，所以在这些并不是地震高发区的地带，也形成了大量的煤田。

26.煤炭是怎样被开采出来的

我们知道了煤炭都分布在哪里，那么，我们直接拿铁锹去挖就可以了吗？当然不行了，煤炭开采也是一件很需要技术的事情，那它到底是如何被开采出来的呢？

煤炭开采分为露天开采和矿井开采。所谓露天开采，就是把煤炭上面覆盖的表土和岩石去除掉，显露出煤层，然后再进行开采。因为要把表土剥离掉，所以也叫作“剥离法开采”。运用这种开采方法的矿区内蕴含的煤炭一般埋藏得比较浅，这样去除掉表面的浮土，就能看到煤炭，直接进行开采了。而且这种开采多是因为露出地面的煤已经被我们开采完了，我们必须把表土除去，才能使埋藏在下面的煤层显露出来，开采出在煤层内埋藏不深的煤炭。

而当矿区处在地形非常艰险的地方或者煤炭埋藏在地下过深时，我们想要剥离上层的表土就太难了。所以在这种情况下开采煤层时，就要采用矿井开采法了！所谓矿井，就是要在煤炭和地表之间打通出一个像水井一样的通道，把煤炭运送出来。而矿井也有三种不同的形式，即竖井、斜井、平硐。竖井就是垂直井，从表面直接垂直挖掘到煤炭所在的位置。而斜井就是从地面打通一条倾斜的巷道到达煤层或多煤层之间的地方。平硐则是一种水平或接近水平挖掘的隧道，可以将斜煤层中的煤挖掘出来，而且它可以采用许多方法将煤从煤层中连续运输出来，非常方便。

地下采煤

27. 煤炭只能用作燃料吗

我们都知道，煤炭可以用作燃料。冬天炉子里燃烧的蜂窝煤可以取暖，春秋战国时期，中国人已经开始使用煤炭煅烧兵器。那么，除了作为燃料，煤炭就没有别的用途了吗?

当然不是，煤炭可是有许多用处的。不过，我们根据它的使用目的将它分为了两大类：炼焦煤和动力煤，这也就显示出了它的两大功能。

炼焦煤，顾名思义，它就是被用来炼焦炭的。焦炭是我们炼钢的基础，利用焦炭这种生产原料我们才可以生产出钢材。而“焦炭”这种原料却不能在大自然中直接获取，这时，就需要我们的煤炭发挥它巨大的价值了。我们将炼焦煤经过高温冶炼之后就可以生产出焦炭了，一般 1.3 吨左右的炼焦煤才能炼一吨焦炭。

而作为动力煤，煤炭的价值就更大了。它可以成为发电、机器运转的原动力。据调查：中国约 1/3 以上的煤都用来发电了，电厂利用煤的热值，把热能转变为电能。而且我们家里用的玻璃、砖还有水泥这些建筑材料的制作也需要煤炭的参与。其中，以生产水泥的煤炭用量最大，其次为玻璃、砖等。当然，我们生活中烹饪、洗浴更加少不了煤炭的参与了。不过由于技术水平有限，虽然我们使用了大量的煤炭，但是煤炭资源利用率较低，浪费现象也较严重。

二、石油

看到“石油”两字，你或许会想起日常生活中的大豆油，大豆油是大豆榨出的油，石油是石头榨出来的油吗？石油可以用作食用油吗？

关于这个问题，我们可以从石油和石头两者间的化学成分来分析。石油主要是由碳氢化合物，而且是多种不同的碳氢化合物混合在一起形成的。所以，它主要是由碳、氢、氧，还有一些微量元素构成的。而岩石主要分为沉积岩、岩浆岩和变质岩，那么无论何种形式的岩石，它的主要成分都是氧、硅、铝、铁、钙这些元素。岩石的元素构成和石油的元素构成太不相同了，所以，石油的产生与石头没有任何关系。

石油和大豆油虽然都是黏稠状的液体，但大豆油是从大豆的脂肪中提取的，可以供人食用，为人体提供必需的热量和一些氨基酸，促进肠胃对食物的吸收。而石油是古代生物通过历史沉积形成的混合物，有着不同的颜色和气味，与煤一样属于化学燃料，主要是作燃料来使用，是不能被食用的！

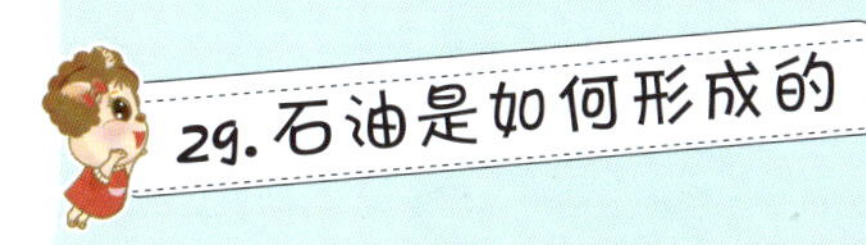

29. 石油是如何形成的

我们经常看到：许多物体在腐烂后，会慢慢形成一团黏稠状的液体。这让我们不禁想到这么一个问题：这一团黏稠状的油状液体好像石油啊！既然石油不是石头产生的油，那么石油是石头腐烂形成的吗？

很多东西在经过风、雷、大气降水等多种条件后，极易变得脆弱、潮湿，就会由大块的体积逐渐破碎进而发生成分改变最终发生腐烂。石头也一样，温度的变化、水和有机物的化学腐蚀都会使它腐烂，在这些因素的影响下，石头会发生多次的热胀冷缩或者成分改变，最终会变成土壤。腐烂的石头不会变成石油，是因为石头的成分中包括氧、硅、铝、铁、钙等元素，即使腐烂后形成的元素也和石油的成分完全不同。那么石油到底是怎么生成的呢？

通过研究，石油至少需要 200 万年的时间才能形成。它的形成与煤炭的形成相似，但又有不同。石油大多是由动物死亡后的残骸形成的，只有小部分的单细胞植物死亡后才会形成石油，而不像煤炭绝大多数由植物形成。动物尸体残骸经过逐步的分解，又在厚厚的地层中经过了高温高压的作用，就会慢慢变成蜡状，之后再逐步变成了液态的碳氢化合物，液体慢慢流动，才最终汇集到一起形成石油。

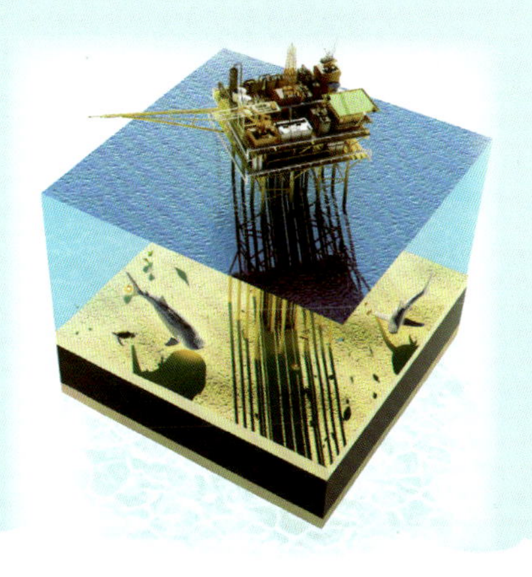

30.为什么说“超级卷流是石油制造者”

石油是由未经氧化的藻类等单细胞浮游植物和动物遗骸堆积之后被海水掩埋于海底地层之下，在无氧、高压高温的环境下形成的。这些石油的形成和超级卷流有什么关系呢？

石油大多产生于恐龙称霸地球的时候，在此时期，伴随着的还有大量的超级卷流运动。这种超级卷流运动和石油的形成有关系吗？研究发现，它们之间还真的有密切的联系。事实上：石油的生成必须有可以让藻类大量繁殖又不会发生氧化的无氧环境，而超级卷流的运动则可以使地底中间的地幔涌出，致使海平面上升，这样海水就会向上蔓延，使周围的土地被海水覆盖，最终形成可以让藻类大量繁殖的环境。而后周围的藻类植物就开始大量的繁殖而后死亡，死亡后的残骸就需要周围的细菌分解，而这种分解是需要消耗氧气的，最终这些地方就变成了无氧的含有大量的动植物残骸并最终形成石油的环境。

其过程是超级卷流运动时，海平面上升，高纬度富含氧气的海水就会向低纬度地区海洋流走，这样含氧量较少的海域就会扩大，无氧环境增多，大量的浮游植物、动物残骸就会堆积更多，最终形成了大面积的石油。所以说：超级卷流是石油制造者。

31. 石油和煤炭相比有什么优点

石油和煤炭，一个液体，一个固体，外表都是黑黝黝的，而且都能用来燃烧释放热量。可是，现在社会上，石油已经渐渐取代了煤炭的地位，人们似乎更倾向于使用石油。这是为什么呢？难道石油比煤炭更便宜？

其实呢，在价格上，石油比煤炭还要贵一些！而石油的储量也比煤炭多，分布也广。人们更倾向于使用石油，是因为石油具有这样一些优点：第一，石油是液态的，它更容易装进油箱或者管道内运输，在跨距离运输时很方便；第二，石油的燃烧值比较高，它燃烧起来更加充分，不会像煤炭一样燃烧后还留下大量的残渣，而热量却是煤炭的两三倍；第三，石油是相对清洁的燃料，使用石油更加环保，因为石油燃烧不会像煤炭燃烧时总会产生浓浓的黑烟，即石油燃烧时产生的废气会少一些。

不过，石油也并不能完全取代煤炭。这是因为：石油的储存量同人类的需要相比还是少了，我们不能只用石油；而且煤炭开发技术低，成本低，所以价格也相对便宜。

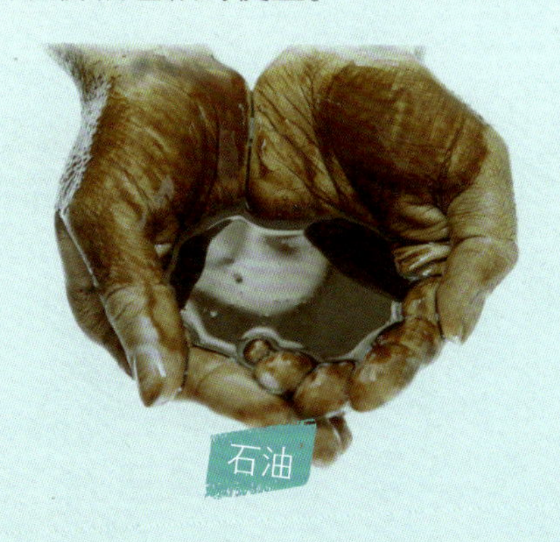

石油

煤炭

32. 原油和石油是一回事吗

早在一千多年以前，“石油”一词在中国古书上就有。当时的人们发现地下石头缝中冒出的黑色的黏稠的液体可以被点燃，于是，人们就把这些液体带回家中，用来点灯照明。由于，这些黑色液体是在石头底下发现的，人们就把它取名为“石油”。而现在，我们又把刚刚从地底下开采出来的黑色油状液体叫作“原油”，那么，原油和石油是同一种东西吗？它们之间有没有区别呢？

事实上，从地层中取出、没有经过任何的加工提炼，黑色或深棕色的黏稠油状液体，我们既可以称它为“原油”，也可以叫它“石油”。但是，一旦这些刚刚被开采出来的黑色液体被运送到炼油厂，经过一系列的提炼后，提取出新物质。这些新物质我们就不能称为“原油”了，而应称为“石油产品”，习惯上又把它称为“石油”，而不称作“原油产品”。

从这里可以知道：石油和原油不一定是指一种物质，“石油”所指的范围较广，而“原油”只能特指未经过提炼直接从地下开采出的石油，而从地下开采出的原油在加工前后都可以叫它“石油”。“石油”和“原油”唯一的区别就是它们所代表的范围不同。

原油

石油产品

33. 石油被开采以后就可以直接使用吗

黑黝黝的石油从地下开采出来后，我们把它叫作“原油”，这些原油开采出来就能直接像石油产品一样使用了吗？

从地下开采出来的原油还要经过一个“石油精炼”的过程，才能从中提取出不同的可以使用的石油产品。这就是说，石油刚刚被开采出来是不能直接使用的。原油即从地下刚开采出来的石油是一种富含碳氢的混合物，这种混合物叫作“烃”，“烃”这种物质有许多不同的种类，而原油就是多种不同种类的烃的混合物，而我们最终需要的是烃的一种，所以，我们就要经过精炼将不同种类的烃分离出来。

怎样从原油里分离出不同的石油产品呢？由于不同种类的石油产品的沸点是不同的，我们只要将原油慢慢地加热，沸点最低的石油产品就会沸腾变成蒸汽，收集这些蒸汽让它冷却，再次恢复到液体，这时就得到沸点最低的一种烃。再把剩下的混合物继续加热，又可以一步步将沸点更高一些的烃分离出来。依次进行提炼下去就可得到不同种类的石油产品。如我们日常使用的汽油、柴油、润滑剂等，就是这样提炼出来的石油产品。

34. 你不知道的石油产品有哪些

说起石油产品，你脑海中第一个浮现出来的是什么？柴油、汽油还是煤油呢？这三个都是我们最为熟悉的石油产品了，柴油是柴油发电机的原料，可以作为燃料和工业原料使用；汽油，可以用作汽车发动机的燃料；还有煤油，没有电灯之前，多数家庭都用它来点灯照明！除了这些我们熟悉的石油产品，你还知道哪些东西也是石油炼制出来的呢？

其实呢，石油产品还有非常多种类，只是我们还不知道它们也是从石油中提炼出来的。例如：润滑油，汽车、机械或者工业上的发动机都离不开这种东西。物体在运动中会发生摩擦，当发动机转动时，就必然会发生摩擦，轴承和零件都会发生磨损，严重的会被损坏使机器出现故障。使用润滑剂，减少机械的摩擦，就可以延长机器的使用寿命。

现在许多家庭都使用液化石油气来烧火做饭。这种液化石油气就是由“石油气”构成的。石油气是石油经过精炼提取出来的“甲烷”，把它注入钢瓶里，然后再给它适当的压强，这时候瓶子内的甲烷就变成了液化石油气，可以用于燃烧做饭了。

还有修路时使用的沥青，一个和石油看起来毫不相似的名字，其实它也是一种石油产品。

润滑剂

沥青路面

液化石油气

三、天然气

35. 气体可以作为能源吗

我们已经了解了煤炭和石油这两种能源，它们一个是固体，一个是液体，都是实实在在看得见摸得着的能源。那现在我问你一个问题：气体可以成为能源吗？这种虚无缥缈的物质能够怎么利用呢？可能你已经想到了，“风”这个十分平常的自然现象，也是可以作为能源的，我们不是已经可以利用风能发电了吗！所以气体一定可以作为能源。

当然，风能只是气体能源的一个方面，世界上还存在另一种被广泛利用的气体能源。这就是下面给大家介绍的一种气体能源——天然气。现在许多城市已经为每家每户输送天然气，供人们做饭、烧水等各种活动之用。压缩的天然气还可以替代汽油，成为汽车的燃料。天然气是一种无色无味的气态化石燃料，它虽然常常伴随着原油一起被开采出来，但是它可不是从原油中提炼出来的石油产品。

天然气在地下也像原油一样，有一个自己的位置。不过，有时会与原油层混合在一起，这样，天然气就会与原油一起被人们开采出来。而当天然气单独地待在地下时，就不会与石油混合，这时我们就把藏有天然气的地下层称作“气藏”，这个地方就可以开采出我们所需要的气体能源——天然气了。

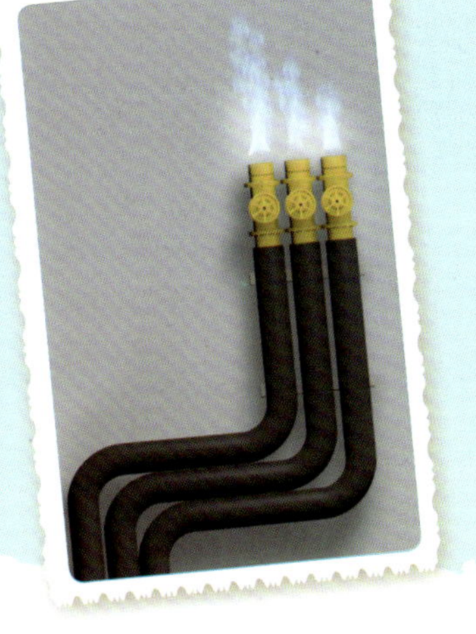

36. 天然气是怎样形成的呢

石油、天然气和煤炭一样，都是埋藏在地下的十分珍贵的能源。其中，煤炭大多是由植物死亡后的残骸埋藏于地下形成的，而石油却大多是由动物尸体在超级卷流的推动下在无氧高压高温的环境中转变而形成的。天然气作为同样珍贵的能源物质又是怎样形成的呢?

亿万年前，地球上虽然没有人类，但是陆地上树木繁盛，动物成群结伴。后来由于环境的变化、地壳的运动，地面上的动植物和泥沙就被海洋和湖泊淹没，沉积于水底，变成了水底的淤泥。而这些淤泥越积越厚，使地下的世界与上面的空气完全隔绝，地下的生物残骸就不会因为遇到空气中的氧气而腐烂。地下的温度很高，压力很大，加上细菌的分解作用，使这些生物遗体最后变成了石油。但仅仅是产生石油吗？不仅仅是这样的，动植物残骸在一步步分解转化成石油的过程中，还会分解出大量的气体，这些气体被淤泥阻挡，无法释放，最终就在地层中形成了天然气田。

而石油和天然气不同，就是因为形成时参与分解活动的细菌不一样，当“硫磺菌”和“石油菌”执行分解作用时，动植物残骸就会转化为石油；而当“厌氧菌”发挥作用时，就会分解出天然气了。而且外部的密封程度也是形成天然气的关键影响因素。

37. 天然气有什么特质呢

天然气、煤炭和石油都是十分重要的能源，可以为人类提供大量的热量，也可以作为工业的燃料使用。天然气常常与石油埋藏在一起，所以我们又常把它们合在一起称为“油气”。不过，虽然它们埋藏在一起，但是天然气却与石油有着许多的不同，与固体的煤炭更加不同。那么，天然气相较于煤炭和石油又有什么不同呢?

首先，天然气是一种无色无味、并且没有腐蚀性的气体能源。几乎不含硫、粉尘或者其他的有害物质，而且 1 立方米的天然气燃烧时产生的二氧化碳比 1 千克煤炭或石油燃烧产生的二氧化碳还要少很多，可以减少对大气层的污染，有效地减少酸雨，更加环保。第二，天然气很安全。为什么这样说呢? 原来，天然气比空气轻，若天然气管道泄漏，天然气便会向上扩散，不会集聚在一起形成爆炸性气体，安全性较高。而且天然气内也不含有一氧化碳，还可以预防一氧化碳中毒。第三，当同时燃烧 1 公斤煤炭与 1 立方米的天然气时，煤炭释放的热量还不及天然气的一半。天然气的热效率可达 75% 以上，而煤炭的热效率却只有 40% ~60%，即使是石油，热效率也只有 65% 左右。

天然气与煤炭和石油相比，还有着许多不同的特质，但仅仅是这些优点，就足以赢得人们的喜爱。不过，每种能源都有着不同的特质，能源的品种也自然是多比少好，才能更好地为人类服务。

天然气热水器

38.天然气都有哪些用途

现代社会中，每一个人不可或缺地都在享受着天然气带给我们的便利。天然气的使用非常广泛，也许你家厨房没有安装天然气管道，但是，你仍旧享受着天然气带来的便利，只不过你还没有发现罢了。到底天然气都有哪些用途呢？下面让我们来看一看：

我们用天然气做饭，我们还可以用天然气热水器来烧热水洗浴。在农村，家家户户更是离不开天然气。因为天然气是制作农田使用的氮肥的最佳原料。制作氮肥的原料，天然气就占了80%。而且天然气制作的氮肥污染少，成本还低，大家都争先恐后地使用呢！

现在，有的同学要说了："我家既没有天然气管道，也没有使用化肥，是不是天然气对我就没用了呢？"当然不是，天然气还有一项更重要的作用，那就是发电。我们家庭中使用的电力资源，大部分可都是天然气发电机制造的。电是我们每天必须要使用的能源，没有电，寸步难行啊！不仅仅是这些，现在，我们还研究出了用天然气作燃料的汽车，更加环保耐用，天然气汽车也是以后发展的新趋势了！

39. 天然气是怎样发现的

吃水不忘打井人，这句话告诉我们，要记住有前人的贡献，才有我们现在的收益。而我们现在广泛地使用着天然气，几乎整个世界都享受着天然气带来的方便，可是，你知道最早发现天然气是在什么时候吗？知道最早描述天然气的作家是哪国人吗？让我来告诉你吧。

天然气最早是在公元前 6000 年到公元前 2000 年间被发现的，那时许多书中曾经记载到：在中东地带，许多城市的地面上总是会有黏稠的液体渗出，尤其是今日阿塞拜疆的巴库地区，更为频繁地出现此种现象。其实，那些从地里渗出的液体就是原油，随之而出的还有天然气。这就是最早被发现的天然气，而最早描述这些天然气的作家都是伊朗人，所以，一般都认为，首次发现天然气的是伊朗人。

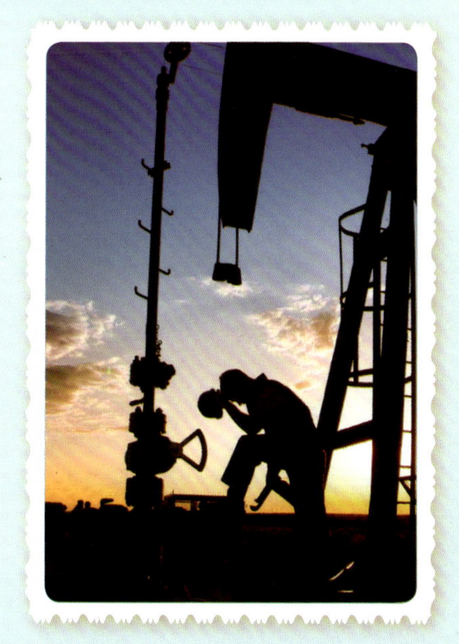

虽然在远古的时代，人类已经发现了天然气，但是那时的人们还没有利用天然气的纯熟技术，一般都只能把渗出的天然气用作照明使用。

古代中国人对天然气的利用也有记载，在距今 2000 多年前的秦代，中国人就开始利用天然气煮盐了。而且中国最先开创了一整套的钻井技术，可以同时开采出天然气和石油。而直到 1821 年，北美才第一次通过一根小管将天然气输送给用户。1925 年，美国铺设了世界上第一条天然气长输管道，才开始了世界性的对天然气的开发和利用。

40.天然气都有哪些不同的种类

石油有许多源于自己的石油产品，煤炭也分为许多不同的种类。那么，同为我们常用的能源物质，天然气有没有分为许多种呢？如果有，又分别有什么不同呢？我们来看一看。

天然气也有不同的种类。但是，它与石油的分类情况不一样，石油产品是按照产品的用途分为不同品种的，而天然气则按照其储藏状态的不同分为伴生气和非伴生气两种。顾名思义：当天然气气田与石油层共存，开采的同时也有原油被采出的天然气就被称为伴生气；这种伴生气大约占整个天然气储存的 40%，它大部分是由石油中的挥发性物质组成，由于它是与原油共存，存在于油田中，所以又把它叫作“油田气”。

而非伴生气自然是不依靠着石油存在的天然气了，它包括纯气田天然气和凝析气田天然气两种，在地底下就以气体的形式存在。但是凝析气田的天然气又有一个比较神奇的现象：当我们把它从地下开采出来之后，地面的压力和温度忽然下降，它就会变成气体和液体的混合物，其气体是凝析气田天然气，其液体被称作凝析油。在地下是气体，一旦到达地面就变成了液体，是不是很神奇呢！

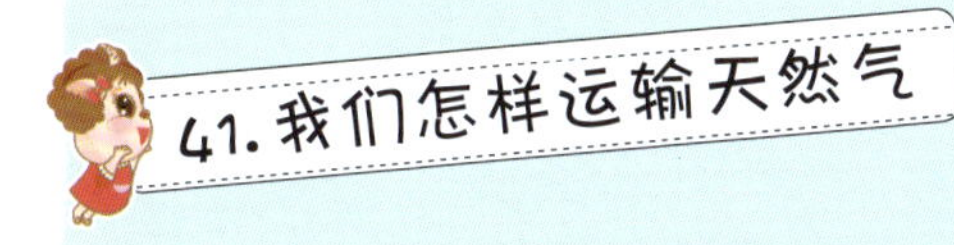

41. 我们怎样运输天然气

在家中，我们打开天然气阀门就有源源不断的天然气供我们使用。我们使用天然气太容易了，这就使我们忽略了一个问题：远隔千里之外的天然气井，是怎样把开采出来的天然气运输到我们的家中的呢？

原来，我国根据运输距离、使用情况的不同，也把天然气运输分为不同的形式。如果天然气源距离使用地近，而且用量少，就用一个高压瓶把天然气装进去。怎么装呢？就是增加压力，把天然气压进瓶子里去。减少它的压力，打开阀门，它自然就释放出来供我们使用了。如果天然气源距离使用地比较远，高压瓶太笨重就不方便运输了，怎么办呢？此时，我们就把天然气液化，将温度降到约 –162℃，天然气就由气态变为液态了，这就是“液化天然气”。变成液态的天然气体积会小非常多，这样，我们一次就可以运送更多的天然气了。

不过，当天然气气源地与用户点之间相隔的全是陆地的时候，也可以使用管道运输。就是在气源处直接建立管道连接到用户使用的地方，这样就免于储存运输，更方便。不过，管道一旦建成，就不易移动了，所以，只有当运输量大，或者长期使用时，才会采用这种方法。

常规能源的广泛应用为人类社会的进步和发展做出了不可磨灭的贡献。但是，随着这些能源的长期使用，其缺点也开始不断地显现出来。长期以来，燃烧常规能源对环境造成的污染越来越严重，而且这些能源储量不足、不可再生，一旦枯竭，还有什么能源可用！这些已经成为了人们心中纠缠不已的心结。人类不得不开始探索新的能源来解决常规能源使用中的问题。新的能源在哪里？其种类有哪些？新能源真的可以为我们弥补常规能源的缺陷吗？新能源已经开始大量使用了吗？让我们带着这些疑问，继续探索还在研究与发展中的新能源吧！

第三章 新能源带来的能源革命

42. 新能源都是清洁能源吗

在应对环境污染、地球变暖的措施中，使用和发展新能源已成为许多国家的选择。那么，为了应对环境问题而研究发展的新能源都是清洁能源吗？现在，我们常常在电视里或者报纸上看到清洁能源和新能源的字样，可是好像它们是同时出现的，也没有见过不是清洁能源的新能源。那清洁能源都是新能源吗？

其实，它们两个是有关系的，但是又不完全一样。可以说，新能源都是清洁能源，但清洁能源并不一定是新能源。“清洁能源”就是指不排放污染物的能源，而它不管是以本身形态使用后是清洁的、无污染，还是经过处理后变得无污染，它都是清洁能源。就像一支笔的笔杆，它无论是用木头做的、还是用塑料制成的，最终做成后，它都是按照笔这个分类出售的，我们可不看它的出身。

而新能源，是指区别于传统能源之外的新发现的可再生清洁能源。从这个定义就会发现：它们两个是不一样的。如果说清洁能源就是新能源，那么除新能源之外的能源就都不清洁了？要知道化石能源经过后期的处理，也可以变成清洁能源啊！只不过清洁化的技术比较复杂。所以，我们要正确的了解清洁能源和新能源的区别，仔细地分清楚它们。

一、核能

43. 核能是什么样的能量

“核能”这个听起来十分洋气的能源，也是目前为止，我们最晚发现的能源，它第一次被发现是在1895年。不过，好像我们的生活中很少接触到核能，那么这个我们不太了解的核能到底是什么样的能量呢？

核能，又称原子能，它是由原子产生的能量，而不是地心的能量。地心实在是太深了，以我们现在的科技水平，还无法钻到地心去呢！那原子又是什么东西呢？事实上，每一个物质都是由原子、分子这样的这样的小微粒紧紧地抱在一起而组成的。再用更大倍数的显微镜还可以看到：原子的内部还有更加紧密，更加渺小的原子核，围绕在原子核周围的还有电子。而这么小的原子核又是由更加微小的中子和质子构成的。我们所说的核能，就是这些微小的原子核爆发出的能量。可是原子核这么微小，它怎么会爆发出如此巨大的能量呢？

其实呢，原子的个头虽然非常渺小，但是使原子核内中子和质子紧紧地拥抱在一起的力量是非常大的。但是原子核内的力量太大了，我们轻易无法用简单的方法改变它。而原子能就是利用核反应，使原子核内部的结构发生变化，释放出极其大的能量的就是这种“核能”。

44. 砸开原子核就能获取核能吗

现在我们已经知道：核能就是破坏原子核内部各种小微粒结合在一起从而释放出巨大能量的力量。你也许会问：用锤子把物质砸开，能获取原子能吗？

当然不能。因为原子核内的中子和质子可是非常友好的，一般的力量是不可能将它们分开的。那我们是怎样获取核能的呢？只好拜托核反应了。核反应就是指改变那些小粒子或原子核与原子核之间的相互作用，使它们的结构发生改变的反应。

核反应分为核聚变、核裂变、核衰变三种，这三种方式都可以让原子核释放出能量。核聚变，就是把原子的粒子聚集在一起，再用外力把它们糅合在一起，这时它就变成了一个比原来更大、质量更重的原子，随之爆发出更大的能量，太阳内部爆发的能量就是这样来的。核裂变正好与之相反，它是破坏原子核内部的力量，把原子分裂开，这样原子就变轻了。把原子核变轻，就是核裂变，就像原子弹爆炸；如果是把轻的原子核变重，就是核聚变。核衰变是自然界内物质慢慢地自然地释放自己的能量，这种过程特别缓慢，因此，一般不使用这种方法获取核能。

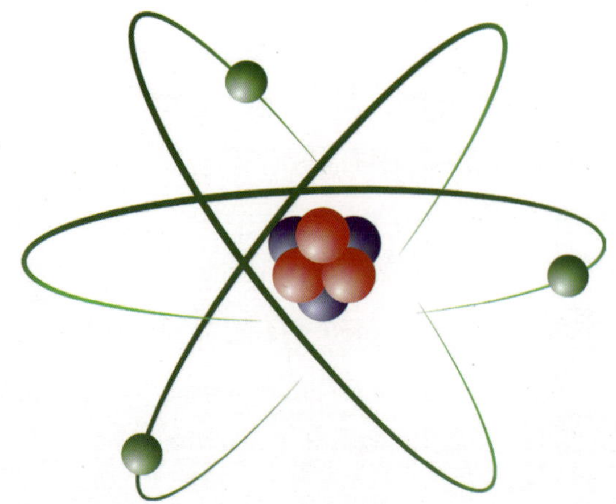

45. 核能是清洁能源吗

现在许多国家已经拥有了核电站，可以使用核能发电，代替传统的化石能源。虽然，核能爆发的力量惊人，可以弥补化石能源的不足，但是，核能清洁吗？它产生能量的同时，伴随而来的会不会是极大的环境污染呢？

其实，相对于传统能源，它还是很清洁的。当我们使用煤炭发电时，总是会产生硫化物、粉尘这样的污染物，会对环境造成极大的污染。而使用了核电站的法国却发现：利用核能发电的六年间，国家的发电量增加了40%，发电产生的硫化物降低了9%，就连空气中的粉尘也减少了36%，大气质量得到了明显的改善。而比较同样清洁的风能，能够发出100万千瓦的核电站占地面积仅仅是风能占地的5%，那我们就有更多的地方来种植树木改善环境了，比较起来，核能比风能还要绿色、清洁呢！

不过，有些人还有疑问，“不是说核能有极其大的辐射吗，怎么还清洁呢？”其实，核能在燃烧时的确会有核辐射产生，大量的核辐射也的确会对身体造成伤害。但是，我们知道：世界上万事万物都有辐射，一定量的辐射对人体是有益的，例如：阳光就是辐射，只要不超过一定量还可以促进人体对钙的吸收呢！其实，核电站产生的辐射相当少。而且，核电站产生的废料都会经过妥善处理，不会危害居民。所以，它是十分清洁的，国家在安全措施方面也保证万无一失，这样使用起来也可以放心了。

46.核能是可再生能源吗

核能作为新能源，它是一种可再生能源吗？

事实上，核能既是可再生能源，又是不可再生能源，这又是为什么呢？现在我们利用的核反应，主要是核裂变和核聚变两种。而核裂变，是将原子逐渐分离，使原子的质量减轻，同时释放出大量能量。而成功完成这个过程是需要特殊的元素的，这个元素就是铀、和钍，而它们的储量分别约为 490 万吨和 275 万吨，这些金属元素是早已形成、不可再生的，用完也就没有了。所以，我们说核能是不可再生的能源。

不过，核聚变需要的元素就不是铀和钍了，而需要氘或者氚，氘是由海水中提取出来的，1 升的海水大约能提取出 30 毫克氘，这 30 毫克的氘就能产生 300 升汽油产生的能量，而地球上的海水中大约有 40 多万亿吨氘，足够人类使用百亿年。不过，我们可以在海水中提取氘，即使存量不够，海水也可再生，继续提取就是了。从这个角度看，核能是可再生的。核聚变需要的另一种元素——氚，是由锂制造出来的，地球上锂的储量也有 2000 多亿吨，足够人类使用了。不过，现在人类掌握的可控的核聚变反应还有限，需要进一步研究。

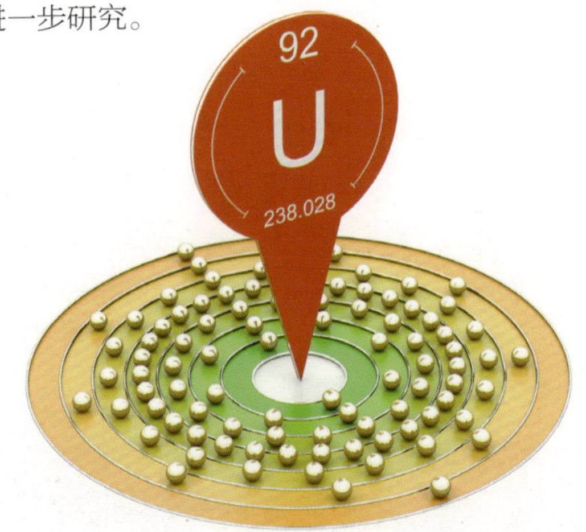

47. 核能有多大威力

原子核内部结合的力量非常强大，在进行核试验时，一瞬间爆发出的能量也是非常惊人的。但是，核反应到底能产生多大的能量呢？核能又有怎样的威力呢？

我们把核能和煤炭、石油这样的化石能源比较一下：1 千克标准煤燃烧，可以释放出 29260 焦耳能量；1 千克石油燃烧，释放的能量是煤炭的 14 倍左右，大约 418000 焦耳；而核裂变呢？同样 1 千克的铀 –235 元素，裂变可以产生 685.5 亿焦耳的能量，大约是石油的 163995 倍还多，而这还不是最厉害的，1 千克的抗流混合物进行核聚变，可以出释放出 3385.8 亿焦耳，竟是石油能量的 810000 倍！使用这样一次核聚变的能量，可省去一年石油的使用量啊！

由此可以看出：核能的威力真的非常惊人。不仅如此，由于核能一瞬间爆发出的力量极其巨大，人类开始设想把它制造成武器，这就是“原子弹”。原子弹，可以在微秒级的时间，也就是比一秒还要短很多的时间内爆炸，爆炸后，在周围会瞬间产生极高的温度，周围的空气也随之变热膨胀，产生极强的冲击波，微秒间摧毁周围的一切。而且，核爆炸温度非常高，周围的空气中还会形成火球，发出很强的光，这些光还含有大量的辐射，对生物有极大的危害。核爆炸还会向外放射各种射线，放射性物质的碎片也四处飞溅，这些高于传统炸弹的威力，到了令人恐怖的地步。

48. 核能发电有什么优缺点

21世纪的今天，温室效应的产生、酸雨对人类生存环境造成的严重破坏，都让我们不得不警觉：这些都主要是因为长年累月地使用化石能源而引起的。所以，在发展新能源的过程中，人们开始越来越重视核能的作用。到底核能有什么优点呢?

我们知道:核能是清洁的可再生资源，这一方面解决了我们的环境问题，另一方面还抹去了我们对未来没有能源使用的担忧。而且，核能非常经济，我们用来发电的核燃料，它的密度非常高，释放出与化石能源相当能量时，所用到的核燃料体积非常小，这样就方便了核燃料的运输。一次可以运来更多的能源，节省了成本，所以，它比较经济。

我们现在依旧没有大面积使用核能。这是因为：它还有一些未能解决的问题。核燃料的废料虽然体积很小，但是有放射性，处理起来比较困难。而且虽然核能清洁，但是它的利用率却不高，产生的大量的热得不到利用，就变成废热围绕在周围，这样也会产生热污染。最重要的是，各国都知道核能威力巨大，一旦一个国家拥有核能就会让他国忌惮，所以，各国对核能的态度也不相同，容易引发政治斗争。

二、太阳能

49.太阳散发出的能量就是太阳能吗

太阳，作为太阳系的中心天体，总是源源不断地向地球以及周围的宇宙空间散发着光和热。如果没有太阳，我们将没有白天和黑夜的区别，也没有能量的来源，也就不会有生命存在。太阳既然是地球生命的能量来源，它拥有那么多的能量，人类怎么会不加以利用呢？而现在，我们常常使用的太阳能就是太阳散发的能量吗？

事实上，太阳能的确是太阳辐射的能量，而且太阳能一般特指太阳光辐射到地球的能量。这两者有什么区别吗？其实，区别还是挺大的，太阳无时无刻不在向外辐射能量，而太阳向外辐射的能量可不止太阳能一种，例如：风能、水能、生物能，这些能源都是源于太阳的辐射。而太阳能，则是源于太阳光辐射的能量。所以太阳散发的能量包括太阳能，而不能特指太阳能。

说到这里，你还有没有疑问呢？你是否想过太阳为什么能够源源不断地向外辐射能量呢？它的能量是从哪里来的？原来啊，太阳本身是一个大火球，它的表面温度就有 6000 摄氏度，中心温度更达到了 1500×10^4 摄氏度，而且太阳本身密度很高，太阳中心压力又大，所以，太阳自身无时无刻不在进行着核聚变反应。这时，太阳就会产生大量的能量，向外辐射到地球，就能被我们利用了。

50. 太阳能怎么用呢

能量巨大无比的太阳，它产生的辐射源源不断地为我们提供着能量，我们怎样接受这种能量，并且使用好它呢？

我们现在使用新能源的技术还不是很成熟，而利用太阳能，主要有两种方式，一种是利用太阳光发电，还有一种是利用太阳辐射产生的热量烧水或者制造蒸汽。这些都是怎么做到的呢？我们先来说一说太阳能发电。太阳能发电可不是只要太阳就够了，我们还有一样必需的设备，那就是——光伏电板。将这种设备放置在太阳光下照射后，它就可以将太阳光转化为电能，小型的光伏组件还可以安装在手表中，照一照太阳，手表就不需要电池了，是不是很神奇呢？而且现在，我们使用太阳能的技术更为成熟，没有使用完的太阳能可以储存起来，防止没有太阳照射的时候，发电不能继续，这样我们的手表就能一直走下去了。

利用太阳辐射产生的热量，这个方式我们就熟悉了。现在许多家庭使用的太阳能热水器，就是利用这类设备将阳光聚焦在一起，产生大量的热量，用这些热量加热热水器中的水，就可以把凉水变热。当太阳比较好的时候，还可以把水煮沸，甚至可以做饭炒菜。

51.能够从太阳到达地球的太阳能有多少呢

太阳这个不断燃烧的大火球，每秒钟大约有5.46亿吨氢发生聚变，产生大量的热。太阳产生这么多的热，都能来到地球吗？要知道，能量在向外挥发的过程中，总是会有损耗的，而太阳距离地球又是那么的遥远，到底太阳每一秒辐射出的能量，最终能有多少到达地球呢？

太阳和地球相隔非常遥远，大约有 14960 万千米。而且在这距离间都是真空环境，所以太阳能只能通过辐射的形式到达地球。根据这些数字以及理论推算，太阳辐射到地球的能量大概只有总辐射量的二十二亿分之一，听到这个数字，你是不是觉得太阳辐射过来的能量就好少好少了？其实则不然，即使只有二十二亿分之一，太阳每秒钟辐射到地球的能量还有 1.765×10^{17} 焦耳。这个数字可能你没有太大的概念，那我们来换个说法。这个能量相当于 600 万吨标准煤燃烧产生的热量，而一个发电站一年发电消耗的煤炭仅需 150 万吨。而这 600 万吨的标准煤燃烧的能量就相当于 1.51×10^{18} 千瓦时，是每年我们全世界消耗的总能量的数万倍，这下你要惊叹了吧！

如果，这些太阳能能够全部为我们所用，那么，我们再也不用担心化石能源将要耗尽的危机了。不过，实际上能够到达地球的太阳能没有理论推算的那么多，但是也十分可观了。但是，根据我们目前的技术，我们还不能完全地将这些能量转化为我们所用。

52. 太阳能有哪些优缺点呢

太阳能作为新能源，必然有着与常规能源不一样的地方，那么太阳能到底有什么与众不同的特点呢？

太阳能是为了缓解能源的匮乏而诞生的，所以它第一大优点就是可再生。太阳在太空内无时无刻不散发着能量，所以太阳辐射到地球的能量可谓是取之不尽用之不竭。这一大特点，不仅缓解了我们常规能源的不足，而且还能使人们在难以或无法利用其他形式的能源的地区使用太阳能，这对于在广大山区或者偏僻的还没有能源可以使用的地方的人们，真是最大的福音。而且，太阳能完全避免了常规能源的污染。虽然说天然气对于煤炭、石油这些能源相对清洁很多，但是，太阳能可是完全无污染的，它不会释放出污染环境硫化物或者烟尘颗粒。如果我们以后能够减少化石能源的使用，我们的空气就会更干净！

不过，太阳能并不是一个完美的能源，它也有着自己的缺点。第一，它的照射面积太广，我们就需要投资巨大的采光仪器收集它，这样就会耗费我们大量的金钱；第二，阳光并不是一直存在的，会有黑夜和阴天，这就需要我们有更加先进的技术来储存阳光，才能在黑夜时为我们持续提供太阳能。总之，太阳能不止有优点，还有自身的缺点，我们在使用时，要根据具体的情况，考虑它是否适用才行。

三、生物质能

53.动植物排泄出的能量就是生物质能吗

说起生物质能，大家可能并不熟悉。可是说起生物，你肯定知道是什么了，生物就是一切含有生命的个体。你所看到的植物、动物，这些都是生物。那生物质是什么呢？难道是生物排泄出的物质？

事实上，生物质是就是指有生命的可以生长的有机物质，由此可以知道，“生物质能”就是这些生物质本身蕴含的能量。就像一只蜗牛，身体内装着满满的能量在奔跑，这只蜗牛就是生物质，而它身体内的能量就是生物质能，蜗牛只是能量的载体。你可能会问生物本身蕴含的能量是哪里来的呢？

你可别忘了，地球上所有能量的来源都是太阳能，而来源的起始端就是植物进行光合作用，将太阳能量吸收进了身体，然后又一级一级地向上传递，最终，所有的生物体内都蕴含有能量。那这些能量可以作为能源来利用吗?

其实，人类一直都在使用着这些生物质能，只是人们还不了解这个概念罢了。从古代开始我们的祖先就把大量的干柴枯草堆集在一起，燃烧它们来提供热量；人们训练耕牛来犁地，运载物品；即使是在人们不加干涉的情况下，微生物也会发挥自己的力量，将一些植物果实慢慢发酵成酒。所有这些，都是生物质能发挥作用的表现。生物质能的使用，不是也很平常吗?

54. 生物质能都有哪些种类呢

植物通过光合作用获取能量；素食动物通过吃植物获取能量，如兔子吃草；高级的肉食动物通过捕食低级的动物来生存，如鹰吃兔子。能量通过吃与被吃的关系不断流动。一切生命体内蕴含的能量就是生物质能。更准确地说，生物质能是太阳能以化学能的形式存在于生物中。生物质能是一种可再生能源，对人类的生产生活有重要的作用。生物质能都有哪些种类呢?

像秸秆、树木这样的木质纤维，农产品加工时的下脚料，农林业的废弃物，养殖场禽畜产生的粪便，城市固体废弃物，生活污水等，这些物质所蕴含的能量都是生物质能。由此可以看出，生物质能可归为林业资源、农业资源、生活污水与工业有机废水、城市固体废物、畜禽粪便等五大类。森林中树木生长时会产生果壳和果核这样的林业副产品；森林在被砍伐时会遗留小的木材、树枝和树叶；木材加工时还会产生锯末和木屑。这些都属于林业资源。农作物收获后遗留下来的秸秆、稻草之类的资源属于农业资源。其他三类我们在生活中都常常见到。

你可能会问：像畜禽粪便这样的物质，又有什么用呢?由于畜禽粪便内含有大量的微生物，当它们与秸秆、稻草等废弃物混合在一起放入一个密闭的池子中发酵后，就会产生“沼气”，而沼气也是一种可以利用的燃料。

55. 生物质能有什么特点

生物质能作为自然界内最普遍的存在，有一个最明显的特点：总量非常庞大。生物质能源的使用必然可以弥补化石能源存量的不足。不过，这也只是生物质能的一大特点。除此之外，生物质能还有什么特点呢？

我们知道，生态系统中主要的生产者——植物，它的能量来源于太阳照射下的光合作用。而太阳能又是源源不断，从不匮乏的。从这里，我们是不是可以推断出，生物质能也是可以持续使用、可以再生的呢？答案是肯定的。生物可以再生，生物质能也就可以再生。而且生物质能是唯一一种可循环使用的碳能源。煤炭能源也是一种碳能源，在缺少煤炭的地区就可以使用生物质能来代替供能。

还有，生物质能并不会因为生物体内含有大量的“碳”元素，而产生二氧化碳的污染。这是因为生物在生长时排放出的二氧化碳和吸收的二氧化碳是相等的，正好抵消。那么，利用生物质能还会产生污染吗？答案也是肯定的。因为生物体内也含有少量的硫和氮，在燃烧过程中会释放出来，如果不加控制就会污染大气。

56. 我们怎样利用生物质能

地球上的生物质能十分丰富，存在普遍并且储量惊人，而且它也是一种可再生能源。不过，这些生物质能到底有多少呢？据统计：地球每年通过光合作用所产生的物质约有1730亿吨，这些物质所蕴含的能量是全世界能源消耗总量的10~20倍。一听这个数字，你可能会想：我们再也不用发愁能源不够用了，只生物质能就足够使用了。遗憾的是：由于技术还不成熟，现在生物质能的利用率还不到3%。我们现有的技术是怎样利用生物质能的呢？

对于生物质能的利用，有直接燃烧、热化学转换、生物化学转换三种方式，而我们现在最常用的方法就是直接燃烧。从古人开始，就是通过燃烧柴草、秸秆等来获取能量的。这种使用方式，释放的热量还不足10%，这是对生物质能的极大浪费。那么，更加有效的，先进的利用方式有哪些呢？目前，“热化学转换”和“生物化学转换”是两种有效，先进的利用方式。热化学转换就是将生物质在一定的条件下，转化成气态或者液态的燃料，或转化成一定的化学物质，而后进行使用。而生物化学转换则是在无氧以及一定的微生物条件下，生成沼气作燃料。不同的生物质也可以制造乙醇，乙醇制造出酒供人们享用；还可以通过控制不同的条件，使生物质产生不同的物质，柴油也是可以产出来的哦！

57. 生物质能有什么创新用途呢

我们每天都在使用着各种各样的能源做不同的事。如果让你使用生物质能去做一件事，你会想做什么事呢？又会怎样使用生物质能呢？

每个人的想法都不一样，远在新西兰的一个业余航海家皮特，他也是一个环境保护学家，他想使用“脂肪”作为海船的燃料，去环球航行，他还把他的船命名为“地球竞赛”号。这种利用脂肪作燃料的方式你想过吗？的确，油脂是可以作为燃料使用的。过去，人类在没有煤炭的时候就已经发现了煤油，用它点灯照明。而在荒漠中，我们也可以将动物的脂肪熬成液态，然后用棉布吸取脂肪缠在木棒上，就可以点燃照明了。

不过，皮特用脂肪作为环球航行的燃料，这还是航海史上的第一次。据说他建造的脂肪燃料船是世界上跑得最快的生态船，这艘船造价也高达250万美元，融合了许多高新技术。这艘船跑起来，速度可高达74公里每小时。根据皮特的设想，这艘船会从西班牙的巴伦西亚出发，共行驶大约4.5万公里的航程到达终点，如果全程都采用脂肪作为燃料，大约需要7万公斤。而一个人在维持健康的情况下大约只能抽出7升脂肪，并且皮特希望7万公斤脂肪全部都由人类身上抽取。这可就要皮特与胖子们慢慢协商了！

四、风能

58.风是能源吗

风——这种我们身边十分常见的自然现象，它像一个调皮的精灵，有时会轻轻地抚摸我们的脸庞，吹拂大地；而有时它也会异常暴躁，迅疾地跑来跑去，让人类伤透了脑筋也抓它不住。这可爱又可怕的精灵，它也是一种能源吗？

大自然对人类是宽厚的，它给了人类无数的能源，只等着人类去发现和利用。我们身边的许多自然现象都是可以为我们所用的能源。风就是其中的一种。而且，风这种能源，却同水有着非常相似的地方。虽然它们一个是自然现象，一个是天赐物质，但是它们都有一个共同的特点：流动性。流动的水才含有能量。而风作为流动的空气，也蕴含了大量的能量。现在，我们知道了：风能是因为空气流动而做功为我们提供能量的资源，它本身蕴含着动能。

我们利用风能，就是利用它提供给我们的动能。风刮得越剧烈，所蕴含的动能就越大。但是，我们也不能因为剧烈的风能够提供更多的能源，而祈求大风。要知道当强台风到来时，风力非常大，我们的人力还不能与之抗衡，这种风能不仅不能有效地利用，还会给我们造成巨大的经济损失。

59.风能都有哪些利用形式

风这种自然现象，抓不住也摸不到，来无影去无踪，却还是一种宝贵的能源。既然抓不住它，又该怎么利用它呢？

既然我们发现它是宝贵的能源，就自然有利用它的办法了。在古代，风能的使用就已经非常普及了，使用的方法至今也很常见，例如帆船。古时人出海的帆船就是利用了风力，才让船不费力地航行千里的。帆船的帆在起航时，完全拉起来，当风大力地从船尾刮来时，帆就会收集到巨大的风能，化作对船的强大前推力，推着船前行，风能就转化为了航船前进的动能。古人真是够聪明的！在古代，风能的应用还有很多，例如风车。这些都是古人的智慧。

今天，人类的科技水平已经先进得多，但对风能的利用却发展缓慢。到现在为止，也只不过是增加了风力发电罢了。不过，这已经是一个很大的突破。风力发电，就是将风能转化成电能来使用。如果我们合理地利用风能，一年就可以生产近十亿千瓦时（度）的电能，这能节省多少的煤炭能源啊。

60. 风能够产生多大的能量

我们都有过这样的经验，在炎热的夏季，我们吹着微风，是多么的惬意。可是你知道吗，大自然中的风蕴含了多么巨大而恐怖的能量?

什么是风呢? 风就是地球表面大量空气流动的现象。而根据风吹起来时所表现出的力量的不同，给人们的感觉的不同，我们把风力的大小分为13个等级，最小是0级，最大为12级。当风力达到12级时，会给人们的建设、生产、生活带来极大的破坏。12级的风携带了极大的能量，它不仅能刮走房屋，拔起大树，甚至能掀起海上的巨大风浪，造成海啸！如果强台风存在的巨大能量被转化利用就可以为人类做出巨大的贡献，而且2%的太阳能都转化为了风能。如果全球的风能都转化为电能，那么风能可以为人类提供近1300亿千瓦的电量，比地球上能够利用的水能总量还要大10倍。而且在高空中，风能会更大，在那里，风速可以达到每小时160公里！这些能量在天空中流动时，最终会因为摩擦变成热能消散在空气中。

自然界处处可见的风是存在着巨大能量的，虽然它可能会给我们的正常生产生活造成一定的威胁，但是只要我们善于利用，用最新的科学技术去驾驭它，就可以化作巨大的生产力，还可以减少温室气体排放，缓解环境污染，我们何乐而不为呢!

61. 风能有什么优缺点

生物质能最大的优点就是分布广，而生物质能的来源是太阳能。我们知道，风能的来源也是太阳能。不过，风能对太阳能的吸收可比植物要多得多了，是植物的50到100倍呢！所以，风能的第一大优点就是：总量多。除了这些，风能还有什么优缺点呢？

风能作为新能源也是一种可再生能源，能够解决化石能源不足的问题，而且它也不会产生污染的问题。不过，风能作为一个由来已久的能源，到目前为止利用方式却还没有大的发展，这就说明：在风能的利用上，有很多的限制和缺点。是什么样的限制和缺点导致了风能利用没有大的发展呢？

第一，风甚至比太阳还不稳定，它时而狂躁，时而平静。这样我们在利用风力发电时产生的能量也就不稳定。第二，风力发电需要大量的风车来收集电量，这就需要找一面积大且有风的地方来安装风车，而现在人口密度这么大，寸土寸金，占用这么多的地方，自然发电的成本就高！第三，虽然风能清洁环保，但是它却会产生大量的噪声，影响生物的生存。据说在美国堪萨斯州建设风车的地方，有一种叫作松鸡的鸟类就逐渐消失了。还有一点是：我们即使使用了风能这么多年，但是利用风能的技术依旧不是很成熟，风能的转化率比较低，我们还不能有效地使用风能。正是由于这些因素，中国的风力发电量只占总电量的1%！

五、地热能

62. 地球本身散发的能量就是地热能吗

说起维持地球上生命活动运转的天体，我们肯定会想起太阳。但是，你知道吗，地球运行其实是有两个引擎的，太阳只负责外部生命活动的运行，而地球本身的地质活动的运行，是由“地热”来负责的。什么是地热呢？地热是地球本身向外散发的热量吗？

其实“地热”非常简单，就是地球本身的热度。我们地球中心的温度大约为 7000 摄氏度。而我们烧一壶热水只需要将它加热到 100 摄氏度，它就沸腾了，这 7000 摄氏度的高温可以让冰瞬间变成蒸汽，人类靠近也会瞬间灰飞烟灭。你也许会问：“既然地球中心这么热，我们住在地球表面怎么感觉不到呢？”实际上，在地球的内部有一层岩石圈，包裹着整个地球内部，它是绝缘的，内部的温度到达它那里就再也无法传递到地球表面，就像一个保温瓶一样，把地球的热量牢牢地护卫在瓶内，而外部的我们却感觉不到。火山喷发就是地热能作用而产生的一种现象。不过，像火山喷发这样的情况，并不是保温层不起作用了，而是地热温度太高，地底下的压力太大，地表坚持不住就炸开来，地下的热量就喷涌而出了，形成了壮观的火山喷发的景象。还有温泉，也是地热的有力证明。

而在我们可利用的技术内合理地开采出的天然地热，就是可供我们使用的能源——地热能。

63. 地热从哪里来

地球就是一个大火球，而它的中心——地心，温度就更高了。在这样的高温下，地球内的物质，有一部分维持着固体的形态，而还有一部分已经在高温下融化为液态，从火山喷发出来。那么，喷发出地热后，地球的热量又靠什么来维持呢？而地球本身的能源又是从哪里来的呢？

关于地球本身就是高温，还是后来才慢慢变热的这一问题，至今科学家之间还有争论。不过可以肯定的是：地热主要是因为地球内部所富含的放射性元素衰变产生的。这些放射性元素衰变会发射出自身的粒子，同时会释放大量的热。而这些热汇集在一起，就构成了地热。不过，这些热量只占地热的 80%，那剩下的热量是怎么来的呢？我们都知道：地球不是静止的，它每天都在不知疲倦地转动着，这时候，地球内部的岩石就会相互挤压，就产生了热量。当然仅仅是这些还不够，还需要地球内部的物质进行化学反应，释放出热量，这些在一起才构成了地球的热量。

那这些热量是如何维持的呢？事实上，地球内部放射性元素的衰变是不断进行的，自转也永不停歇，热量也就可以不断地产生。而且地球还接受着太阳能的辐射，太阳辐射到地球的能量，有 66%都被地表所吸收，维持了地表的温度。除了这些之外，宇宙内时常发生的陨石坠落也会摩擦产生一部分热量，还有宇宙其他星体对地球的辐射，这些都维持着地球的温度。

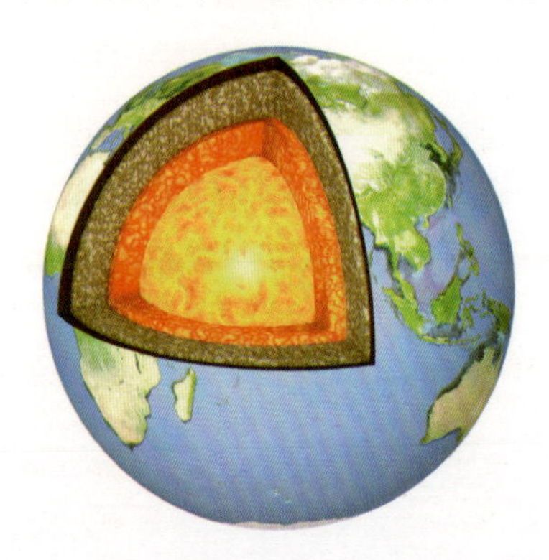

64. 地热能都有哪些类型

在地球的表面，居住着人类，还居住着其他各种各样的动物，还有形态各异的植物，甚至，还有那些我们看不到的但却顽强存在的微生物。这么多种不同类型的生物，共存在地球的表面，而在地下的地热能，是不是也有着不同的类型呢？

通常，人们把地热能分为 7 种不同的类型，分别是：水热型、蒸汽型、地压型、干热岩型、放射型、熔岩与岩浆型、沉积盆地型。根据这些名字，我们可以知道蒸汽型地热能，就是当地下水较少时，地下水加热至沸腾，变成了蒸汽，储量也少。当地下水较多时，地热使其温度升高，就变成了水热型地热能，此种地热温度最高可达 390 摄氏度。而那些沉积盆地、地压、干热岩等类型的地热则是根据地热处于地层的形态不同而分类的，相应的地热温度也不同。干热岩型地热能的温度较高些，温度在 150~650 摄氏度，最低的沉积盆地型地热温度也在 20~150 摄氏度。还有熔岩与岩浆型地热能，温度最高，火山爆发就是这种地热类型，它的温度可高达 1000 摄氏度以上。

所有的这些地热的年平均温度可以从 20~300 摄氏度。一般来说，当温度大于 150 摄氏度时，这种地热就可以用来发电，而低于 150 摄氏度的地热一般就直接利用它的热能来供热了。

65. 地热能可以发电吗

我们已经介绍了如此多的新能源，例如太阳能、风能等。我们除了可以利用这些新能源本身的热能或者动能之外，它们还有一个用途就是“发电”。太阳能和风能都拥有的能力，地热能也拥有吗？它可以发电吗？

早在 1904 年，意大利的康蒂王子就利用了天然的地热来发电。他是怎样做到的呢？这里我们就要利用一个设备——发电机了。首先，可以把水注入地下，地热能产生的高温就可以把水加热成蒸汽；然后这些蒸汽就可以顺着管道向上喷出，我们再在管道外连接一个涡轮器，涡轮器转动带动发电机，我们就可以使用地热能发的电了。而现在，我们的科学技术已经飞跃发展，利用地热发电的技术也越来越先进而且成熟了。

现在不仅发电量更加可观，而且我们的技术也更加成熟，使用蒸汽发电并不是利用地热发电的唯一方式了。当可利用的地热温度超过 200 摄氏度以上时，我们就可以直接发电了。这样，就减少了热量使水资源在沸腾时的损失，更加充分地利用了热量，大大节约了地热能。这也是高温地热能的最佳利用方式。

火山喷发

66. 地球的任何地方都有地热能吗

我们知道地热是地球本身的热度，温度最高在地心，从地心慢慢向外扩散，温度也在降低。可是同是地球表面，不会到处都有地热能吧？为什么我们还要到特定的地方去开采呢？

虽然，地球内部中心散发着极大的热量，但是，地热在一般情况下，是以蒸汽或者热水的形式出现在地球表层的，这就意味着承载地热能的物质的质量是非常小的。所以，它要想到达地表就需要一些比较容易通过的通道，当遇到特别坚硬的岩石的岩层时，地热就不容易通过了。而在构造成地球板块的边缘一带，地层比较薄弱，就成了地热的上升通道，地热能大多也就分布在这些地方。

根据这个原理进行勘测，世界上的地热能主要分布在以下区域内：太平洋板块的边缘处、地中海、喜马拉雅山脉处、红海、亚丁湾、东非大裂谷、大西洋中脊地热带。除此之外，在板块内部靠近边界的部位，也蕴含着一些温度较低的地热，如中国的胶东、辽东半岛及华北平原的地热田。这些事实都印证了，地热能大都存在于板块薄弱处。

六、海洋能

67. 海洋可以产生能量吗

在人类还没有诞生的时候，地球上已经存在了海洋。一望无际的海洋孕育了无数的生命，鱼、珊瑚、海藻，还有其他许多神奇的生物都生活在海洋之中。那么孕育了这么多生命的海洋，它能够产生能量吗？如果不能产生，它又是如何养活了如此多的生命呢？

事实上，海洋不仅能够产生能量，它还能产生不止一种形式的能量。海洋每日潮起潮落时，会产生潮汐能；海浪翻滚汹涌时，就产生了动能和势能；而海水与海水之间还在不停地摩擦，海洋内动物游动也会与水产生摩擦，这些摩擦又会产生热能。不只是这些摩擦，不同区域的海水温度也会稍有不同，当一个区域的海水流动到另一片区域时，温度就会相互融合，这时又进行了热交换，这些都是海洋产生的能量。可见，海洋不仅能产生能量，还能产生不同形式的多种能量。波浪产生的动能和势能被统称为“机械能”。这样，海洋能就包括了潮汐能、机械能以及热能这三种形式的能量。

海洋能仅仅就是这些了吗？当然不仅如此，从更加广阔的范围上来讲，海面上的能量、海洋内部的能量都属于海洋能。在海面上，风力比在陆地上还要强劲，这样的海风能可以加以利用；海洋的内部养育了无数的生命，这些生命就构成了总量巨大的生物质能。而这些，也都属于海洋能呢！

68.海洋能有哪些特点

地球表面积的71%都被海洋覆盖。海洋中的水约占地球上总水量的97%。如此庞大的阵营，怎么会不产生巨大的能量呢，只要想想海洋的一望无际，就会觉得它蕴含了无穷的能量！海洋能的确很丰富，而且是可再生能源，可以缓解我们的能源危机，这些不过是海洋能很多特点中的一小部分。海洋能还有什么特点是你知道的吗？

表面上看来海洋非常辽阔，蕴含的能源非常丰富，但是单位体积内海洋拥有的能量却非常少。也就是说：正是由于海洋的面积巨大，海洋能才这么丰富，取出一小部分海水是提取不出大量的海洋能的。不过可喜的是：海洋能也是一种非常清洁的能源，我们在使用时，即使使用了大量的海水，也不会造成什么污染。

海洋能还有一大特点是和别的能源不同的，那就是它并不是唯一一种形式的能源。它只是指来源于海洋的能源，包含了稳定的和不稳定的多种形式的能源。海水在流动时，也会有规律和不规律的运动之分，例如潮汐能和波浪能。波浪能既不稳定，运动起来也没规律，而潮汐可是潮起潮落，每天都不会改变的。

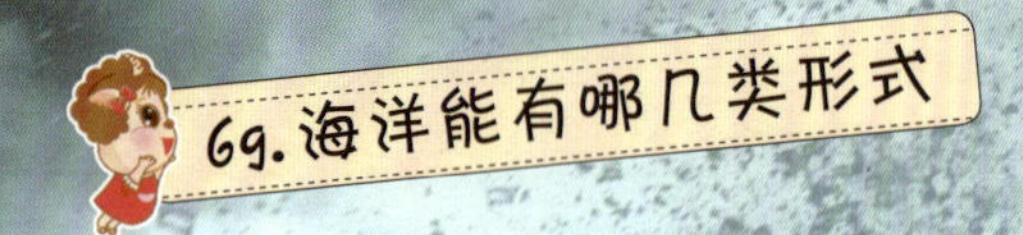

海洋内的生物多种多样，海底下的世界也和陆地一样多姿多彩。有色彩斑斓的小丑鱼，也有长相凶残的大鲨鱼，还有可以发光的夜光水母等。而同海洋内的生物一样，海洋能的形式也是多种多样的，广阔无垠的大海都拥有哪些不同形式的海洋能呢？

大海有规律地作息，每天早上它都会涨潮，晚上又会落潮休息，在涨潮和落潮之间，大海的海平面就会跟着上升、下降，这样就产生了势能。我们再把这些势能转化为电能，海洋能就可以为我们所用了！和利用涨潮落潮的原理相似，海面上也总是会有波浪翻涌，这时，翻起来的波浪也会高于海平面，就也产生了势能，而向前流动的波浪就产生了动能。这些能量我们都很容易想到，那么，除了这些我们常见的现象产生的能量形式，海洋还有什么我们不知道的能量形式呢？

其实，海洋还含有温差能，海洋深水区的温度要低于海洋表面的温度，这两层之间的温差就会产生温差能，也可以用来转化为电能。同样，海洋还有一个盐差能，看它的名字我们就可以知道：不同区域的海水，含盐量也不同，这两个区域之间就产生了盐差能，它也可以用于发电。这么多种的能量形式，海洋里都包括了。

七、氢能

70. 氢能是质量比较轻的能量吗

“氢”作为这个世界上最轻的元素，它存在于许多物质之中，它也是宇宙中最常见的元素。“氢”元素占了整个宇宙质量的75%。那我们不禁会想：这么大量的元素，可以作为能源为我们提供能量吗？如果可以，能源的家族岂不是壮大了许多？

有了这种想法，科学家就开始研究了。最终，发现“氢”这种元素真的可以作为能源为我们所用。我们只需要把水电离，就可以得到氢气，而且获取氢气的方法也不唯一。氢能有用吗？它作为我们新发现的能源，当然有用了。如氢气与空气混合时，极易燃烧，而且燃烧时放出的热量非常大，可以供我们使用，所以，氢能可以转化成热能。除此之外氢能还有很多非常方便的用途。

不过，氢能和太阳能、煤炭不一样，像太阳能、煤炭等这些能源都是天然的能源，也就是一次能源。而氢能需要我们通过一系列的反应才能获得，不能直接从大自然中获取，是一种二次能源。氢元素广泛存在于宇宙之中，人们对制造氢能的前景都非常看好，因此“氢能”又被称为“人类的终极能源”。

71. 我们怎样生产氢能

我们知道：人体必需的水就是由氢元素和氧元素组成的，所以一提到制造氢能，第一反应就是把水中的氢元素和氧元素分离开来，不就生产出了氢气吗？方向显然是正确的，方法可以使用电解法，将电流通过水，在得到电子的一极周围就会产生氢气。不过，我们用水制造氢气，需要用到电流。我们就需要使用化石能源产生电能，再转而去生产氢能，然后再利用氢能发电。这显然是极不划算的。那么，还有什么别的方法制造氢气吗？

在工业上，制造氢气的方法有很多，例如：在一定条件下用碳与水蒸气反应，会得到氢气和一氧化碳，不过这种方法也需要用到煤炭，所以，也不划算，而且会产生一氧化碳这种有毒气体。另一种就是分离空气了。空气是由许多种气体混合而成的，其中就有氢气这种气体，并且空气中不同的气体的沸点都不相同，利用这一点，我们就可以通过蒸发液态的空气来获取空气中的氢气。到达氢气的沸点时，就可以把氢气分离出来，收集我们需要的氢能。由于空气是免费的，所以这种方法的成本就要低得多。

不过，如果能使用太阳能来生产氢能，那就可以把较为分散，但是免费而且无穷无尽的太阳能转变成集中易用的氢能了，这将是人类能源利用方式的一大进步！不过，现在我们还没有足够先进的技术来实现这一方法，但是，可以预料，以后这种通过太阳生产的、清洁高效的氢能将是我们未来最常用的能源物质。

72. 氢能的特点是什么

氢能作为未来人们最期待的能源物质之一，除了是二次能源以外，它相对于太阳能、风能这些自然的一次能源，还有什么特别之处呢？

你知道元素周期表吗？它可以列出世界上到目前为止所发现的所有元素呢！而“氢”元素位列于元素周期表之首，这是为什么？原来，它是世界上最轻的元素，平常就以氢气的形式存在。除此之外，氢气这种气体还可以传热。你知道什么是传热吗？传热就是当两个相互接触的物体处于不同的温度时，热就会从温度高的物体内传到温度低的物体内的过程。当热量通过一个物体后不会损失过多的热量时，这就说明这个物体传热性能好。而大多数气体的传热功能都不是很好，只有氢气是个例外。所以工业上利用氢作为传热载体，这一点是其他气体不能比肩的。

除此之外，氢能还有没有什么值得夸赞的呢？当然有。如果将 1 千克的煤炭同 1 立方米的氢气相比，谁释放的热量更多呢？你会说：煤炭，因为煤炭看起来比较有分量啊。事实却不是如此，氢能是除了核能之外热值最高的能源，它释放的热量是汽油的三倍，更何况汽油的热值比煤炭的热值还要大。而且氢气燃烧后不仅不会产生污染环境的气体，还会生成水，可以循环利用水再电解出氢气，供我们使用。

这样看来，氢能还有缺点吗？答案是肯定的。氢气很容易引起爆炸，这样在运输中就会有危险，所以，氢气的运输和储存还是我们利用氢能的一大障碍。

73. 氢能有什么用途

单位体积的氢完全燃烧产生的热量极大，我们就说氢气的热值极高。所以说氢能可以转化为热能供我们使用。除此之外，氢能还有别的用途吗？

我们知道，像汽车、轮船、飞机这样大型的现代交通运输工具，目前是无法使用发电厂直接输出来的电能的，只能采用柴油、汽油这一类化石能源，在发动过程中，释放能量，推动发动机前进。而这类燃料污染极大。有没有一种能源可以代替化石能源，让大型的交通运输工具动起来呢？当然可以，在所有的新能源中，只有氢能可以代替汽油、柴油的使用，使大型的交通工具动起来，而且它还可以作为火箭的燃料！现在使用氢能作为能源的小汽车、公共汽车、摩托车和轮船已经成为现实。这是怎么做到的呢？这就需要一种神奇的电池，它的名字叫作“氢燃料电池”，它就是通过生产氢能的逆反应制成的。它先把氢气和氧气分别供给电池储存起来，当人们使用电池时，电池内会发生反应，氢气就又被释放出来，产生氢能就可推动发动机转动。使用这种氢燃料电池的小汽车速度也是非常快。

74. 氢能的发展已经很完善了吗

氢动力汽车想象图

氢能高效又环保，而且它是二次能源，只要我们有需要，就可以源源不断地被生产出来，不会像化石能源一样面临枯竭的危机。那为什么我们现在还没有全面使用氢能源呢？它不是在各方面都优于其他能源吗？

其实，到目前为止，我们只是发现了氢能源的优点，但对于氢能源的利用，我们只是到了实验阶段，如果要把氢能源应用到现实生活生产中，还有好多技术问题并没有解决,氢能的发展还没有成熟。对于氢能源的利用，我们还有四个大问题需要解决。

第一，氢能的生产成本太高，我们还没有一个可以大量、简单、便宜的生产出氢气的方法，这需要我们以后对太阳能分解出氢气有着更深入的研究。

第二，氢气的储存和运输较为困难。氢气易爆炸，而不运输到需求的地方，我们又该怎样利用氢能呢？这是一个伤脑筋的问题。

第三，目前对氢的利用效率还很低。使用大量的氢能，只能获取很少部分的能量，这样，使用氢能的成本就又高了。

第四，利用氢能需要很多大型的基础设备，这些设备较为稀缺或还没有建设，我们又该如何使用呢？

对于氢能的使用，我们现在的技术水平还远远不够，这需要我们更深一步地研究。相信，未来人类低成本使用高效清洁的氢能源的梦想一定会实现！

由于目前人们对能源的需求极大，而能源本身在日趋减少，一系列的能源问题便随之而来，且日趋严重。其中人类面临的最大问题就是：能源资源枯竭，以及环境污染严重。

为此，我们必须尽快找到行之有效的方法来缓解这些问题。从小处讲，我们不妨从身边的小事做起：关注各种节能小常识，带动整个社会形成节能与可持续利用的良好风气；节约利用身边各种资源，保证不浪费；在扔垃圾之前先将其分类，既能减少环境污染，又有利于垃圾回收变废为宝。从大处讲，走好能源可持续发展之路，应多开发可再生资源，在工业、交通、建筑等各领域大力落实节能政策，并通过各种媒介将节能概念广为传播，使之深入人心。

总之，在人类共同努力节能的基础上，充分利用旧能源，全力发展新能源，人们完全可以在能源的总量和人类对它的需求之间找到完美的平衡点。

第四章
节能与能源可持续利用
A
B
C
D
E
F
G

75. 可再生能源能解决能源危机吗

我们知道：能源是有危机的，传统使用的化石能源只能再支持我们使用百年，百年以后的人类很有可能就没有化石能源可以使用了。面对这种趋势，各国都在努力研究新能源，希望能够找到可再生的清洁的新能源来代替传统能源的使用，让未来的人类不用担心能源危机的问题。那么，可再生的新能源真的可以解决能源危机吗？

现在我们已经发现了许多可再生的新能源，例如：太阳能、风能、潮汐能，它们可利用的潜力都还非常大。宇宙中的太阳系还能存在45亿年，而每年太阳能够提供给人类的能量，是整个世界人口所消耗掉的1.5万倍。而我们利用太阳能发电，可以将太阳辐射能的10%都转化成电能，在欧洲一些国家，已经有了完全依靠太阳能取暖的建筑。

还有我们身边存在着最普遍的生物质能，世界上每年产生的生物质能可以给80亿吨生物提供能量。清洁的氢能源可以循环再生。只要采用电解水的方法就可以产生大量的氢气为人类所用。自然界存在大量的水资源，流动的水能源更是永远也利用不完。与此同时，潮汐发电、风力发电也可以提供足够的新能源支持。

总而言之，如果人们能尽可能地发挥可再生能源的潜力，攻克技术上的难题，可再生能源完全可以满足人类对于能源的需求。

76. 什么是能源的可持续发展

这个世界从来没有哪一种物质像能源一样深刻地影响着人类社会的发展和历史进程，两次工业革命使人类与能源的联系越来越紧密，人类对能源的依赖也到了前人想象不到的程度。在今天不要说爆发能源危机，就是小规模的停电就足以让现代人类难以忍受。而在过去，人类最广泛使用的能源就是来自恐龙时代的馈赠——化石燃料，或称化石能源，这种能源的使用在过去的几百年里有力地推动了工业革命的爆发和人类社会的进步。但是由于其不可再生和燃烧排放大量污染物的特性，在环境污染严重、能源短缺的今天，能源的可持续发展已经是刻不容缓了。

什么是能源的可持续发展？简单地说就是减少对化石燃料的依赖，开发出环境友好、可再生的新能源，目前开发出的新型能源主要有：太阳能、风能、地热能、水能，海洋能、核能和最新的生物能源。这些新型能源的普遍特性就是原材料可再生，污染物排放少或不排放污染物。能源的可持续发展就是一方面逐步使用这些新能源来替代化石燃料，另一方面在现在的经济社会中实行节能减排。

今天走能源的可持续发展道路对明天人类社会的长久发展，国民经济的稳定增长具有重大的现实意义。

77. 我们应该如何合理利用资源

自然资源，简而言之就是人类生产生活所必需的自然环境因素的总和，它主要包括土地资源、气候资源、生物资源和水资源等。对自然资源的利用是人类社会存在和发展进步的基础。而现实是，自然资源的总量是有限的，一旦过度开采，不仅会加速资源的枯竭，同时也会引发可怕的自然灾害。

例如最近一段时间，中国频发的地震、泥石流、塌陷等自然灾害，就是因为我们过度开发了地质资源，导致土地松陷，地壳不稳定，灾难才会频频发生。所以只有合理地有限度地开发利用自然资源，才能在最大限度地促进社会经济发展的同时，减少对自然的危害，最终实现人与自然的和谐相处。

为了实现自然资源可持续发展的基本目标，合理利用资源，我们应当坚决执行以下策略：(1) 对水、土地、空气、森林、草地、矿藏以及其他自然资源科学地划定开发范围，保护我们最基本需要的自然资源；(2) 建立最低生态与环境标准，一旦我们的生态环境受到侵犯，就要追责到地方的政府官员；(3) 开展环境教育，普及生态科学知识，只有我们每个人都了解到合理使用能源的重要性，合理利用自然资源才能得到真正的贯彻和实行，我们的自然环境才会越来越好。

为了我们的家园，大家一定要在日常生活中，合理地利用资源，不要铺张浪费。被你浪费掉的，很可能就是地球的最后的资源！

78. 什么是节能

节能这个词现在已经吸引了所有人的注意。那么，到底什么是节能呢？

一般来说，节能就是节省能源，在完成我们需要做的事情的同时，尽可能地减少能源的消耗。比如说：我们去某个地方的时候，可以选择坐公交车，这样就节省了自家汽车需要消耗的能源；还有，我们也可以使用等量的能源取得比预期更多的收获。如过去我们使用 1000 斤煤可以生产出 200 件产品，现在我们却可以生产出 300 件产品，效率提高了，也是一种节能的方式。

节能的定义就是采取技术上可行、经济上合理、环境和社会可接受的一切措施，来提高能源资源的利用效率，不浪费。

可见，节能就是要有效地利用能源，提高设备以及技术上对能量的利用效率。虽然实现节能的方法和手段多种多样，但所有节能的原理都是一样的。我们可以根据各种能源的不同特点，再参考使用的实际情况，制定相应的节能措施。而目前，越来越多的国家开始研究和推行新能源，为节能减排作出了贡献，树立了榜样。

总之，节能就是利用一切可以做到的技术在不影响结果的情况下尽可能地减少能源的消耗。

79. 垃圾分类能够节能吗

我们每天都要扔掉大量的垃圾，这些垃圾被垃圾站收走后，进行掩埋处理。但是你可知道：垃圾随意扔掉是对能源的巨大浪费，更会对环境造成一定的污染。

我们现在对垃圾的处理，还是将其填埋到地下，这么多的垃圾需要多少土地才能完全掩埋掉呢？而且垃圾掩埋是有非常昂贵的代价的，填埋过垃圾的土地再也不能种植农作物，也无法建成我们平常居住的小区。而在一些西方国家，他们选择将废弃的垃圾焚烧掉。垃圾焚烧非常昂贵，被焚烧后的垃圾虽然不会占用大量的土地，但它会释放出一种有毒气体——二噁英。二噁英这东西可是剧毒致癌物质，垃圾焚烧后主要产生的就是这种气体。

我们当然不能任由这种情况进行下去，该怎么办呢？垃圾中也有可以回收利用的资源，所以我们可以进行垃圾分类。垃圾分类就是在扔垃圾之前将垃圾事先分类 ，把可回收利用的垃圾清理、运输和回收，使垃圾重新变成资源。这样，分类后的可回收垃圾就不会被送到填埋场，能够节省大量的土地，也能减少垃圾焚烧所产生的污染，回收的垃圾也可以变废为宝。例如：我们吃过的橘子皮，可以堆积起来做成肥料；用过的废布头也可以做成拖把，供大家使用；旧家具、旧家用电器也可以回收利用或以旧换新……

这样就可以节省大量能源。

请把垃圾分类回收!

80.厨房怎么节能

中国有句俗话说得好，风起于青萍之末。意思是大风是从小风发展来的。要实现节能也可以从小处做起。厨房虽小，却也可以成为节能的主阵地。下面就介绍一下厨房节能的小秘诀，一起为节能做贡献吧。

首先，大块的食物一定要切成小块再下锅，这样食物熟得快。既节省时间也减少了燃气的消耗。锅的种类和大小要选择适当，烧水不应当装得太满。熟食的加热或解冻，选择微波炉耗能最少。其次，做饭的时候一定要把食材准备好再开火，避免白白地让炉火燃烧，耗费燃气。少用蒸的方法，蒸饭的耗能比焖饭高3倍。还有，应当经常使用锅盖存热，可节省更多的能源，食物一经煮沸应当转为小火慢煮。等到食物快煮好的时候，就应当把炉火关掉，让剩余热力慢慢完成最后的煮熟工作。最后，做饭的时候不应当放太多的食用油，否则，不仅对人体的健康不利，而且食用油的使用过多也会造成油烟，增加抽油烟机的能耗。在使用电磁炉的时候，一定要保持电磁炉表面的清洁，因为如果不加注意，菜肴中的油渍往往会飞溅并附着在电磁炉上，时间长了就会碳化成一层薄膜，影响电磁炉的导热性，增加电耗。

厨房节能的学问真不少。大家应该不断地积累厨房的节能经验，做好家庭节能的事情，使自己的家成为节能之家，环保之家。

众所周知，工业对能源的需求量非常大，没有能量，工厂里的机器就无法运转，这样，大部分的能源就被工业消耗掉了。如果工业上能够节省能源的使用，那能少消耗掉多么可观的能量啊！但是工业要怎样节能呢？

首先就是要提高能源利用效率。中国之所以是一个能源消耗大国，一个很重要的原因就是工业能源利用率较低，大量的能源都在转化的过程中流失掉了。所以必须加大科研投入，在科技创新的基础上研发出能源转化效率更高的机器，并大力推广使用，让每一级能量都能得到充分利用，绝不浪费。其次要找出能耗较大的生产环节作为技术革新的攻关目标。有了技术革新的攻关目标才能知道能源都浪费到哪了，什么地方才是节能的重点难点，怎样攻克。最后是要合理地利用余热。在工厂内，机器运转总会产生大量的余热，这些热量却往往被浪费掉了，流失到空气中、工业废水中。如果我们将这些热量收集起来为居民供暖，或者循环使用为蒸汽机发电，这将为社会生产节省大量的能源。

82. 交通也可以节能吗

请多选乘公共交通工具！

近些年来，随着国民经济的飞速发展，人民生活水平的提高，交通也变得越来越便利。在中国，仅机动车的数量截至2013年年底就突破了32.5亿辆。但是随着交通行业的大发展，交通行业运行所消耗的能源也急剧增加，给原本就资源逐渐短缺的中国造成了不利影响。那么如何改变这一不利局面，让我们的交通出行也变得节能起来呢?

汽车是中国人主要的交通出行方式。在过去汽车所使用的能源主要是汽油，这种传统的化石燃料耗能非常快，不能满足节能的需要。我们应该大力推进新能源，例如：液化天然气，液化石油气，乃至于现今世界的尖端新型能源技术——用粮食生产乙醇燃料。这些新型能源的普遍特点是节能低碳，是我们未来交通能源使用的方向。此外，城市应当大力发展公共交通与轨道交通，引导人们乘坐公共汽车、地铁、轻轨出行，严格限制高耗能大排量的汽车车型的购买和使用。在私家车保有量激增，几乎人人有车的今天，每有 100 个人选择公共交通或轨道交通，就意味着减少了将近 100 辆私家车的上路运行，这对我们这个耗能大国的意义不言自喻。至于飞机、火车等交通的节能模式基本可以参照汽车的节能思路，大力发展和使用新型能源和高新技术，降低能耗。

这样看来，交通节能如果做得好，可以为中国这样的耗能大国减少大量的能源耗费。

83. 建筑要怎样节能

随着中国经济发展越来越快，城市中出现越来越多的高楼大厦。它们也在消耗着我们的能量啊！我们的节能工作又怎可能不考虑它们！如今建筑节能也成为社会热点，中国建筑能耗已经占全国总能耗的30%，而每年新建的建筑中95%又是高能耗建筑。所以建筑节能刻不容缓。那么，建筑怎样才能节能？

建筑要节能，应从以下五个方面来采取措施。第一，从建筑空间方面考虑。在夏季如果我们能使建筑白天防止过度的太阳辐射，夜间便自然利于通风散热，我们就能节省大量的耗费在空调制冷上的能量；同时要尽可能封闭，减少室外气候影响，可以在夏天增强空调的使用效率和在冬天减少取暖能耗。第二，从建筑构件及材料方面考虑。应采用吸热性能较好的建筑材料以便建筑可以在白天吸收大量热量，使夏天室温不会太高，同时又可以在晚上释放热量让室温不会下降太多，从而降低空调能耗。第三，充分利用太阳能。建筑的日照间距要保证阳光不会受到遮挡，并可以照到室内。安装太阳能热水器等利用太阳能做功的电器，减少电力的消耗。第四，利用新能源。根据当地地理条件可以充分利用地热能、太阳能、风能等为建筑供能从而减少化石能源的消耗，并减少污染。第五，其他方面。建筑节能还可以从“人走灯灭”，拒绝长明灯，水资源的循环利用等其他细节方面着手，积小成大、积少成多，也能避免大量能源的无故损耗。

84.能源可以回收利用吗

当我们走在大街上，会看到一些标有可回收和不可回收的颜色各异的垃圾桶，这些写着可回收字样的垃圾桶，它收集的垃圾是可以回收再利用的。这不禁让我们想到，我们使用的能源也可以回收再利用吗？要是这样，岂不是能够节省一大部分能源呢？

能源当然是可以回收利用的，就比如说：我们使用的热蒸汽，各行各业都有它的身影，如发电，炼油，生产化工用品，印染，造纸，纺纱，酿造等，这些领域中蒸汽都有非常大的作用。蒸汽多用作热源，它其实是可以回收利用的，但许多工厂都把没有使用的蒸汽当作废气排放掉了。热蒸汽排到空气中不仅是对能源的浪费，更是加重了温室效应。如果我们能将这废弃的水蒸气回收再利用的话，不仅可以降低生产成本，还可以保护环境，据统计使用回收的热蒸汽可以节能50%左右。

生产过程中，热蒸汽怎样回收利用呢？其实方法非常简单：可以在产生热蒸汽的管道旁连接一个冷水箱，管道排放的热蒸汽就可以把冷水加热成温水，储存热量；不断加热，温水变成热水，并最终形成蒸汽后，就可以接着生产产品。这样热蒸汽就在整个生产系统中循环利用了，可以节省大量的能源。

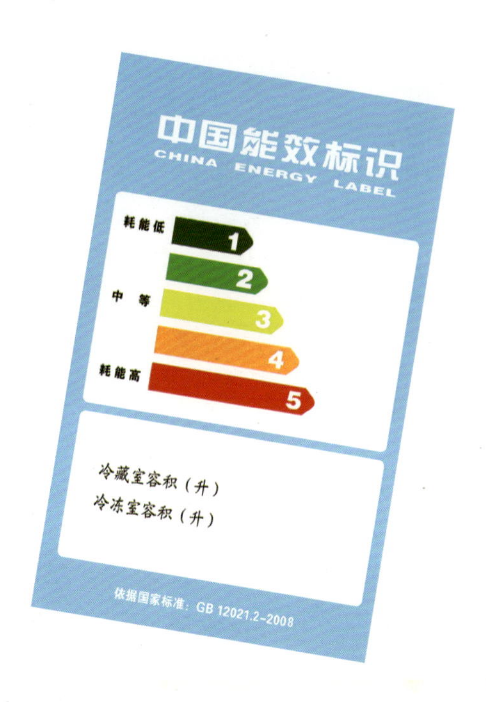

85.还有哪些节能小常识

在我们的生活中有许多你可能没有注意到的节能小常识：

平时要选购家电的时候，你一定要记得提醒家长，购买带有节能认证标志的家电。按照自己房间的大小选用功率相匹配的空调，按照家里的人口和饮食习惯来选择合适容量的冰箱。

帮助父母做家务，煮饭的时候千万要记住：当锅里的米汤煮沸的时候就可以改用小火按要求的时间把半熟的米焖熟。

要从电冰箱里取东西的时候，切忌开门太过频繁，一方面这样会使电冰箱的耗电量显著增加，还会减短电冰箱的使用寿命。

夏季降温设定适当的温度，人体在 27 摄氏度左右就感到十分舒适了。继续调低温度，不但人体会感到不适，同时也会导致电量的浪费。睡觉的时候，更可以把空调调节成睡眠模式，这样也能节约用电。

家里选购家用汽车的时候，一定要选用小排量和混合动力的汽车。一方面是因为在城市里选购排量过大的车型用处不大，另一方面也可以降低油量的消耗，减少家庭在购买汽油方面的支出。同时，多乘公共交通工具出行，时间允许的也可徒步出行。

能源如此紧密地与我们的生活相连着，如果没有能源，未来令人难以想象。因此，我们不得不去思考，能源的过去、现状和未来。面对能源危机，我们该如何应对？我们还能找出哪些能源来供人类继续使用？这部分对这一类问题进行了解释。亲爱的读者朋友，你对能源有哪些思考呢？

第五章 对能源的思考

86.地球上的能源是取之不尽用之不竭的吗

这个问题的答案非常明显。我们已经知道，煤、石油、天然气这类化石能源都属于不可再生能源，随着人类开采时间的延长，使用量的增加，可供使用的化石能源储量不断减少，最终必然枯竭。而太阳能、地热能这种从理论上讲取之不尽、用之不竭的可再生能源，以目前的技术水平也无法取代化石能源在工业和人类日常生活中的地位，毕竟这些新型能源的转化效率较低而所需的成本非常昂贵，并且其利用也非常不稳定。据专家预测，现有石油储量大约会在2050年左右宣告枯竭，天然气的存量也将在57~65年内耗尽，煤炭也只能再维持约200年。

所幸，北美的页岩气革命已经露出了第一丝曙光。随着页岩气开采技术的不断发展和完善，尽管存在争议，但我们有理由相信，人类已经找到了一种新的缓解能源危机的手段。同时，人类还掌握着一种危险致命但高效的能源——核能，核能的利用仍存在风险，但是核能的利用效率是传统化石能源的几百万倍，而且核燃料的储量十分充足。因此，核能的利用能有效地应对能源危机。

但我们不能因此放松警惕，仍应大力提升能源使用效率，走高效、清洁化的能源使用道路，大力发展清洁的可再生能源，以期缓解甚至完全解决能源问题。

87. 能源危机是一个伪命题吗

我们的生活与能源的使用息息相关，我们无时无刻不在以各种各样的形式消耗和使用着能源。当汽车在行驶时，发动机需要消耗汽油；就连我们一日三餐中的食物，也会消耗天然气等化石能源才能烹调供我们食用。但在日常生活中，我们认识和了解能源的途径往往只是通过报纸和电视机这样的传媒，我们很难切身地体会到能源真正的发展现状。

现实的情况又是怎么样的呢？在现有的技术水平上，我们对能源使用的主要方式仍是传统化石能源——石油、煤炭和天然气的转化。但是这些化石能源均属于有限的不可再生能源，储量一定，用一点就少一点，总有消耗殆尽的一天。按照现在的探测数据，石油储量大约还有 1180 亿 ~1510 亿吨，按人类每年石油的开采量 33.2 亿吨来计算，剩下的石油储量仅供人类使用 30 多年，大约在 2050 年左右石油就将宣告枯竭；天然气的现有储量在 131800 兆 ~152900 兆立方米，而每年开采量维持在 2300 兆立方米左右，将在 57~65 年内消耗殆尽；煤的储量约为 5600 亿吨，依照 1995 年的煤炭开采量年 33 亿吨来算，煤也仅仅只能再供应 169 年，随着世界经济的发展，煤的工业需求量还在逐年加速增长，预计在百年内也将耗尽。

依照以上数据估算，人类现在主要使用的化石能源都会在百年内用完，到那时如果新能源的使用技术仍然没有发展成熟和完善，能源危机就将成为人类的大难题了。因此，能源危机不是一个伪命题。

88. 太阳的能量耗尽后会变成什么天体呢

我们地球上所有的能量都直接或者间接地来源于太阳，这样，太阳能量耗尽后会变成什么样子呢?

其实，太阳也像人类一样是有年龄的，它也会慢慢老去，不过，它存活的时间可要比我们人类长多了。太阳是一颗恒星，恒星的生命分为四个阶段：第一阶段是主序星前阶段，这一阶段的太阳就像人类的幼年期；第二阶段是主序星阶段，到了这一阶段，太阳就步入了青壮年期；第三阶段，太阳就到了红巨星阶段，也就是太阳的中年期；第四阶段，也是太阳的最后阶段——白矮星阶段，就是太阳的暮年期，进入它的老年状态。

现在，太阳正处于主序星段，还在它的“青壮年期”。再过四五十亿年，太阳就将进入不稳定的红巨星阶段，体积开始慢慢膨胀，最后就超过了地球的轨道，会把地球吞噬掉。而这还不是结束，最后它还会经过一次大爆炸，在巨大的反作用下内部缩为发光度较低、密度温度较高的白矮星，最后能量会被耗尽，再也不能发光了，就变成了不发光的黑矮星，也可以说这就是太阳的结局。

89. 能源的过度使用会使环境变坏吗

近几年来，随着经济的发展，你有没有感觉到周围的工厂和路上跑的汽车多了起来，家庭能源的使用量也在逐渐增高。空气质量越来越差，雾霾等灾害性天气现象频发，原本清澈见底的小河变得污浊不堪，湛蓝的天空变得灰蒙蒙的再也不见往日的颜色。那么数量与日俱增的工厂、汽车、家庭能源使用量和环境的日益恶化之间存在着什么联系呢？

原来啊，中国工业生产所使用的能源主要是化石燃料，有污染。普通家庭使用的电能是通过化石燃料转换而来的电能，汽车所需的汽油是通过石油提炼而来。因此，能源使用量的增多，就意味着更多的化石燃料被开采出来，通过燃烧等手段转换成我们所需的各类能源。而想要把化石资源从地下开采出来，就势必会破坏耕地和污染水资源，甚至导致地下空洞的出现和水资源短缺。到了燃烧环节，化石燃料的燃烧会产生大量的二氧化碳、二氧化硫和二氧化氮，这些有害气体的排放会导致空气质量的恶化和温室效应。特别是发电站这种大量燃烧化石燃料的地方，其发电所剩的热量往往会被排放到周边的河流湖泊，导致这些河流湖泊的水温升高，水生生物大批死亡或者离开这些水域。

为了我们的生存环境不被破坏，大家更应该节约资源的使用，从一点一滴的小事做起。

90. 绿色能源的使用就不会对我们的环境造成伤害了吗

首先，我们要明确一个概念，什么是绿色能源？根据官方的解释，绿色能源是指不排放污染物的资源，它包括核能和可再生资源。可再生资源是指原材料可以再生的能源，主要包括风力发电、水力发电、太阳能、生物能、潮汐能等这些能源。那么这些绿色能源会不会给我们的环境造成伤害呢？

拿核能与水力发电做两个例子来说明一下这个问题。核能需要消耗铀燃料，不属于可再生资源。这些铀燃料都是放射性物质，在使用完毕之后会产生高低阶放射性废料，如处理掩埋不慎，会对周围的人和动物造成极大的伤害。即使掩埋处理，被掩埋的废料也会污染周围的土地和水源，导致这一区域几年甚至几十年无法使用。那么水力发电这种可再生资源又怎么样呢？水力发电不排放污染，也不会消耗原材料。但是水力发电站的修建也往往会对周围的环境造成不利的影响。其最主要的一点就是，大坝在上游的截流储水会影响下游水流的流态，截断水生生物自由流动的通道和营养物质转移的连续性，导致下游水生生物的生存受到极大威胁。

我们能够看到，虽然绿色能源相对于传统化石燃料不会排放废水废气而具有优势，但是它们会以其他的方式给生态环境，甚至是人体健康带来不利的影响。

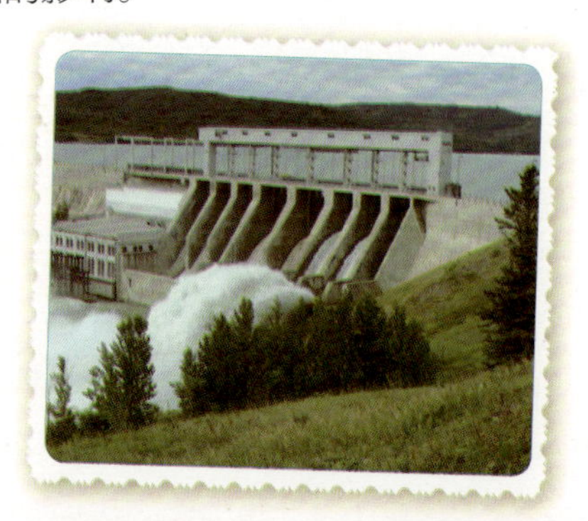

91. 我们穿的牛仔裤和鞋子也会对环境造成伤害吗

现在，汽车排放的尾气会对环境造成极大的危害，还有含氟空调的使用以及随手乱扔垃圾都会对环境造成污染，这些生活中经常发生的事情，或多或少地都对环境造成了伤害。那我们身穿的牛仔裤和脚下的鞋子这些看起来丝毫不会排放废气的东西，也会对环境造成伤害吗？

其实，一件衣服本身不会对大自然排放任何废气、污染物，但是我们要知道：一条由乌兹别克的棉花所制成的牛仔裤要周游世界约 23240 公里的路程，才能最终到达我们的手中。所以，想一想：这么远的路途，这条牛仔裤就一定会乘坐交通工具运输到你的手中，这就势必会消耗煤炭或者石油，间接地，由于运输这条牛仔裤排放出的二氧化碳的量也非常可观！而鞋子对环境的伤害可能更大，鞋子不仅也要跨过山川河流来到你的面前，而且为了使鞋子更加舒适，很多运动鞋内都充填了大量的六氟化硫这种人造气体。它密度大、非常稳定、无毒，但是，这种气体却是最强的温室效应气体，它造成温室效应的效果是二氧化碳的 22200 倍！不过，值得高兴的是，欧洲从 2006 年开始已经立法禁止生产含有六氟化硫的运动鞋了，但是在此之前生产的含有此种气体的鞋子，依旧在市面流通。所以，身穿这些衣物的我们，从现在开始，应该为自己的衣物在生产运输过程中所消耗的大量能源买单，爱惜衣服、不喜新厌旧高频率的买多余的衣服，同时种植树木，吸收掉这些破坏环境的气体，保护我们的地球！

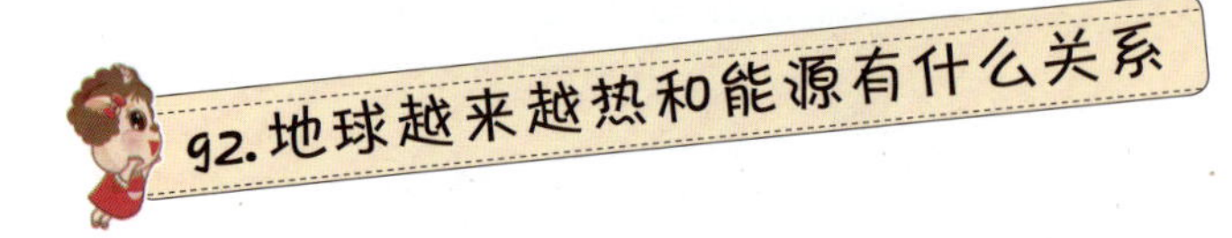

92. 地球越来越热和能源有什么关系

地球气候反常，大气吸收了大量的热量无法向外释放，即我们所说的“温室效应”，是现在社会不得不关注的问题。导致“温室效应”的原因和能源有什么关系吗？

引起温室效应主要的因素之一是植物的减少，由于人口的极度膨胀，人们砍去了一片片树林，盖上了高楼大厦，然后铺上了一道道泥石马路，使得植物无处生存，导致大量的二氧化碳无法被植物吸收。没有了植物的吸收，人们在生产生活中排放的二氧化碳无法得到分解，由于二氧化碳的排出量不断增加，导致热量都被大气中的二氧化碳吸收，全球平均气温也变得越来越高。即使现在的人们懂得了绿化的重要性，但种植树木的数量与被人们砍伐的树木总量相比只是沧海一粟，起不了根本性的作用。

汽车尾气的排放也是导致地球变热的一个重要因素，汽车的不断增多

加剧了废气的产生。特别是在城市里，当你走在马路旁，从你身边经过的一辆辆汽车会使你浑身感到不自在，仿佛有一股热流向你迎面而来。这种废气不但能吸收保持热量还会污染大气，天空也变得灰蒙蒙的。

在经济快速发展的今天，工厂在不断地增多，机器也在不停地运转。这些机器在制造出一件件物品的同时，也在排放着大量的有污染有毒有害的气体，而这些气体也是导致全球变暖的主要原因之一。

可见，地球越来越热是人类过度采集、应用多种能源，并且不注意环境保护造成的。不论地球的平均气温是怎样变得越来越高，对于我们来说，多种植物，就可以很好地改善这种情况。因此，我们也可以在自己家中多种植一些植物，减少自己的碳排放，努力地改变现状，共同建造属于我们的那个绿色家园。

93. 你听说过“能源植物”吗

我们都知道，石油是重要的工业生产原料，汽车使用的燃料、铺路的沥青和石油焦、工业生产的溶剂都来自石油。可是石油是动植物遗体沉积地下，经过上万年的时间才形成的不可再生资源。植物通过光合作用为地球生物提供能量和氧气，植物能作为能源利用吗?

续随子、绿玉树、西谷椰子、西蒙得木、巴西橡胶树都是富含类似石油成分的能源植物。所谓能源植物，就是指那些通过光合作用把二氧化碳和水直接转化成像化石能源一样的碳氢化合物的一类植物。这类植物分泌的乳汁和从植物本身提取出一些汁液中含有许多与石油的化学成分相似的成分，所以这类又被我们称为“石油植物”。“能源植物”的作用更是与石油相似，这些分泌物完全可以代替石油，作为一种燃料供我们使用，并且是可再生的。石油的枯竭是不可避免的，许多国家已经开始大面积种植石油植物，以缓解能源危机。瑞士还曾经计划利用石油植物满足国内一半的石油消耗量。

巴西橡胶树

事实上，能源植物的种类多，分类广，每个国家都有。仅生长在亚太地区的能源植物就有10种草本植物、23种乔木和18种灌木。在巴西，有一种香波树，只要在树上挖个洞，就会流出可以直接作为柴油使用的油！而且它非常高产，每一株树的年产量都高达40升。中国海南的油楠树，还有桉树，都能高产油料。

未来能源在缓解能源危机这个大舞台上，到底能发挥多大的作用？哪些未来能源又值得我们期待呢？

在未来，波能、可燃冰、煤成气、微生物将成为人类广泛使用的能源。波能，顾名思义就是海洋的波浪所具有的机械能，它是一种取之不尽、用之不竭的新型无污染再生能源。据推测，地球上海洋波浪所蕴藏的能量可以给人类提供约 10^9 千瓦的电量。可燃冰，一种外形与冰酷似的可燃能源，燃烧融化释放出的可燃气体是它本身体积的 100 倍。可燃冰的蕴藏量比地球上的煤、石油和天然气的总和还多。

而煤成气就是煤在形成过程中由于外部温度和压力增加发生变质反应的同时，释放出的可燃性气体。据估计，地球上煤成气可达2000万亿立方米。除了动植物的生物质能以外，微生物的生物质能也不容忽视。我们可以利用微生物发酵，将许多国家高产的甘蔗、甜菜、木薯等这些食物制成酒精，这样我们就可以燃烧酒精，产生热量了。而且酒精燃烧完全、效率高、无污染，用它稀释汽油还可以配制出“乙醇汽油”，比纯汽油的热值还要高，环保又节能。

虽然我们使用的能源有多种多样，但目前石油仍是最常用能源。我们必须改变对化石能源的依赖，寻找更高效耐用的未来能源，否则整个世界都将不可避免地沦为“石油的奴隶”。

95. 未来能源都可再生而且环保吗

我们认识了几种新型未来能源，那么，这些未来能源都是可再生并且环保的吗？

大部分未来能源都是可再生并且清洁环保的，但可燃冰不是，它是一种不可再生资源。可燃冰，即天然气水合物，常年分布在深海沉积物或陆域的永久冻土中。1 立方米的可燃冰分解最多可产生 164 单位体积的甲烷气体，因而是一种重要的未来能源。同等条件下，可燃冰燃烧产生的能量比煤、石油、天然气要多出数十倍，但是它燃烧后几乎不产生残渣、废气。不过它可不是完全清洁的，只是比煤、石油、天然气的污染都要小得多。

而未来能源中的另一种能源——煤成气，通常存在于含有煤炭的地层内，是天然气的重要组成成分。它是由煤炭变质形成的，当然，没有煤炭就没有它。而煤炭是不可再生的，所以煤成气自然也不是可再生能源。不过，虽然它不可再生，但是煤成气的储量较多，还没有污染，燃烧后几乎没有污染物，因此它是相当便宜的清洁能源。

通过以上的介绍，我们知道了，不是所有的未来能源都是可再生的环保的清洁能源，要分别看待。

96. 外星星球有能源供我们使用吗

能源是我们人类生活的基础，汽车的生产，电灯的照明，飞机的飞行都需要能源。可是由于人类对地球能源的大量使用和浪费，预计地球上的现有石油储量只能够再供人类使用不到50年，我们能从其他星球得到能源吗？外星球上有能源可以使用吗？

外星星球蕴含着非常丰富的能源，我们每天见到的太阳就是一个巨大的“能源生产厂”，它每分钟辐射到地球上的热能相当于燃烧500万吨煤所发出的热量，而整个地球每分钟对煤的需求只有1万吨左右。距离我们最近的天体——月球也拥有丰富的能源。月球上的稀有金属储量丰富，甚至比地球还多，稀有金属是工业生产的重要原料，用途广泛。月球中的稀有金属有富含铁、钛的月海玄武岩；有富含钾、稀土和磷的斜长岩，还有由岩屑颗粒组成的角砾岩，还有多种地球上没有的矿物，是不折不扣的“天然矿场”。除了太阳和月球，我们熟悉的太阳系八大行星一样蕴含着非常丰富的矿物资源。

外星星球所蕴含的能源几乎是无穷无尽的，可是由于现在科学技术没有那么发达，我们还无法像采集地球能源一样方便的采集外星球的能源，还需要大家的努力，学习更多的科学知识，来开发外星球的能源宝藏。

互动问答
Mr. Know All

001.身体的发育成长需要能量吗？

A.需要

B.不需要

C.因人而异

002.世界上的万事万物都在运动吗？

A.不是

B.是

003.当两种物体的运动方式不一样时，怎样比较谁出力更多？

A.比较它们谁跑得远

B.比较它们谁速度更快

C.比较它们谁耗费的能量多

004.不同形式的能量能在同一运动中共存吗？

A.能

B.不能

005.地球上的能量大部分来源于哪里？

A.地球本身就存在

B.太阳

C.月亮

006.能量主要分为哪些形式？

A.机械能、电磁能、内能、化学能以及核能

B.机械能、电磁能、化学能以及核能

C.机械能、电磁能、分子能、原子能以及核能

007.物体内部分子运动的动能和势能的总和是什么？

A.机械能

B.电磁能

C.内能

008.下列哪一种是新型能量？

A.机械能

B.化学能

C.核能

009.能源可以为我们提供能量吗？

A.不可以

B.可以

010.燃烧煤炭可以为我们提供哪种能量？

A.电磁能

B.热能

C.核能

011.能源又被称为什么？

A.能量

B.能力

C.能量资源

012.下列哪一项不是能源？

A.石油

B.重力

C.天然气

013.关于做功，下列哪一项是正确的？

A.物体在力的作用下沿着力的方向运动了一段距离，我们就说这个“力”做了功

B.物体在力的作用下沿着垂直力的方向运动了一段距离，我们就说这个“力”做了功

C.电能不能做功

014.在中国，使用什么作为能量的度量单位？

A.安培

B.焦耳

C.瓦

015.在电能方面，我们习惯于用什么单位描述电量？

A.焦耳

B.千瓦时

C.卡路里

016.在营养学上，我们习惯用什么单位衡量能量？

A.焦耳

B.千瓦时

C.卡路里

017.自然界内各种生物之间有什么关系？

A.相互转化

B.吃与被吃

C.完全没有关系

018.食物链中主要的生产者是谁？

A.动物

B.人类

C.植物

019.人类粪便内的能量是不是不能被利用？

A.是

B.不是

020.分解者也没有消耗掉的能量会转化成什么？

A.热量
B.氧气
C.植物

021.“不同形式的能量之间转换，总量会发生改变”，这句话正确吗？

A.正确
B.不正确

022.能量会不会凭空消失？

A.不会
B.会

023.世界上有没有无摩擦的平面？

A.有
B.没有
C.比较少见

024.永动机可以制作成功吗？

A.可以
B.永远不可能做成
C.暂时做不出来

025.绿色植物获取能量的主要途径是什么？

A.吸收水分以及土壤中的营养
B.光合作用
C.呼吸作用

026.绿色植物进行光合作用不需要下列哪些元素？

A.氧气
B.太阳光
C.二氧化碳

027.地球上的能源基本上来源于哪里？

A.月球
B.太阳
C.地球本身

028.下列哪个地方的植物生长会比较茂盛？

A.向阳处
B.背阴处
C.干旱处

029.动物可以进行下列哪一项化学过程？

A.光合作用
B.呼吸作用
C.叶绿素转化

030.呼吸作用都需要氧气吗？

A.需要

B.不需要

C.有时需要有时不需要

031.下列哪一项是有机物？

A.钙

B.盐

C.糖类

032.有氧呼吸和无氧呼吸哪个释放的能量多？

A.无氧呼吸多

B.有氧呼吸多

C.一样多

033.人体能不能进行呼吸作用？

A.不能

B.能

034.人类需要摄取食物吗？

A.需要

B.不需要

035.医生通过怎样的方式保证病人获得足够的营养？

A.给病人吃药

B.强制让病人吃饭

C.静脉注射营养液

036.人类在长距离奔跑时会同时进行无氧呼吸吗？

A.会

B.不会

C.有时会，有时不会

037.能源是能量之源吗？

A.是

B.不是

038.下列哪一项不属于经济学意义上的能量？

A.热能

B.蛋白质

C.光能

039.下列哪一项的说法是错误的？

A.能源是指向自然界提供能量转化的物质

B.食物可以在人体外进行能量转换

C.能源为我们提供能量

040.主食中一般含有下列哪种物质？

A.叶绿素
B.胡萝卜素
C.糖

041.能源按照来源分类可以分为几类？

A.一类
B.两类
C.三类

042.下列哪一项不是按照能源的来源分类的？

A.太阳能
B.常规能源
C.潮汐能

043.下列哪一项不是能源根据产生方式分类的？

A.一次能源
B.二次能源
C.新能源

044.能源只有两种分类方式吗？

A.是
B.不是

045.谁发明了蒸汽机？

A.瓦特
B.爱迪生
C.特斯拉

046.进入了机械化时代的标志是什么？

A.石油取代了煤炭
B.煤炭取代了钻木取火
C.汽油取代了煤炭

047.蒸汽机是将煤炭燃烧的热量转化为动能使用的吗？

A.是
B.不是

048.哪国人制造了以燃烧石油为燃料的汽车？

A.美国
B.英国
C.德国

049.风车可以进行怎样的能量转换？

A.势能转换化为电力
B.动能转换化为电力
C.热能转换化为电力

050.能源不转化，直接使用可以吗？

A.可以
B.不可以
C.不一定

051.哪种能源可以直接使用？

A.火
B.石油
C.二次能源

052.下列哪一项是错误的？

A.内燃机可以将热能转化为动力
B.天然气不是常规能源
C.水车可以将势能转化为动能

053.下列哪一项不是二次能源？

A.焦炭
B.电力
C.石油原油

054.能源仅仅在物理形态上发生改变的工艺技术是哪一项？

A.能源加工
B.能源转换
C.能源加工与能源转换

055.煤炭经过气化加工而成的二次能源是哪一项？

A.煤气
B.煤油
C.煤炭

056.原油是怎样加工汽油和柴油的？

A.萃取
B.蒸馏法
C.过滤

057.人体本身和动物、植物维持生存所耗费的能量从哪里来？

A.植物的光合作用
B.水的供给
C.吸收太阳能

058.煤炭是可再生能源吗？

A.是
B.不是

059.在海底中被掩埋的生物更容易形成什么？

A.石油
B.煤炭
C.天然气

060.被深埋于大陆的生物更容易形成什么？

A.石油
B.油脂
C.煤炭

061.打雷和闪电也会释放能量吗？

A.会
B.不会

062.雷电一般产生于哪里？

A.太阳
B.积雨云
C.天空

063.一次闪电的能量大约相当于多少电量？

A.1000 千瓦
B.600 千瓦
C.300 千瓦

064.积雨云中含有什么？

A.带电小分子
B.闪电
C.雷雨

065.什么是商品？

A.需要用钱买到的东西统称为商品
B.有形的东西
C.无形的东西

066.下列哪一项能源不是商品？

A.石油
B.煤
C.秸秆

067.国家统计的商品能源有哪五类？

A.煤炭、石油、天然气、风电、核电
B.煤炭、石油、天然气、水电、核电
C.煤炭、石油、天然气、水电、海洋能

068.非商品能源只有秸秆这一种吗？

A.是
B.不是

069.能源的转换形式是单一的吗？

A.不是
B.是

070.下列哪一项不是煤炭的用途？

A.生火
B.发电
C.起风

071.使用蒸汽机，是将热能转化为什么能？

A.电能
B.化学能
C.动能

072.电能通过什么被传送到千千万万家使用？

A.发电机
B.蒸汽机
C.电线

073.下列哪一项是我们使用最多、作用最广的能源？

A.风能
B.核能
C.化石能源

074.石油能源会不会枯竭？

A.会
B.不会

075.我们的淡水资源也只够我们使用多少年了？

A.1000 年
B.100 年
C.10000 年

076.下列哪一项的做法是正确的？

A.节约使用
B.滥用水资源
C.无所谓的心态，不管不问

077.将能源分为常规能源和新能源的依据是什么？

A.根据能源开发技术的成熟程度和生产开发时间
B.根据能源的物理性质
C.根据能源的储量

078.下列哪一项属于常规能源？

A.风能
B.煤炭
C.太阳能

079.新能源会不会变成常规能源？

A.会
B.不会

080.新能源有哪些特点？

A.拥有量少
B.尚未得到应用
C.技术较为先进，一些地区还没有引进

081.我们能直接利用的基本上是什么形式的能源？

A.电能
B.热能
C.机械能

082.常规能源的储存量是有限的吗？

A.是
B.不是

083.常规能源的形成耗时长还是短？

A.短
B.长

084.常规能源都可再生吗？

A.是
B.不是

085.煤炭的主要成分是什么？

A.碳，氢
B.碳，氧
C.碳，氢，氧

086.煤炭含有稀有元素吗？

A.没有
B.有
C.尚无确定答案

087.国际上把煤炭分成了几类？

A.一类
B.二类
C.三类

088.无烟煤可制造煤气或直接用作燃料，这样的说法正确吗？

A.正确
B.不正确

089.煤炭是由什么形成的？

A.植物
B.动物
C.石头

090.岩石有哪几种形态？

A.固态，液态

B.固态，液态，气态

C.固态，气态

091.下列哪一项是岩石的一种液态形式？

A.石油

B.天然气

C.煤炭

092.煤炭是矿物岩石吗？

A.是

B.不是

093.千百万年前，海平面稳定吗？

A.稳定

B.不稳定

094.在地与地底之间形成了一个有机层，这个有机层是由什么构成的？

A.植物的残骸

B.动物的残骸

C.动植物的残骸

095.有机层变成煤层经历了什么样的过程？

A.物理过程

B.物理化学变化

C.化学过程

096.一旦我们将这些煤炭使用完了，新的煤炭会很快形成吗？

A.会

B.不会

097.世界上发现和使用煤炭最早的是哪个国家？

A.中国

B.美国

C.巴西

098.煤炭大多分布在地质活动活跃的地方，这些地方大多在哪里？

A.地震高发带

B.火山密集带

099.煤炭形成还可能因为其他什么条件？

A.盆地下陷

B.火山喷发

C.洪灾海涝

100.在煤炭的形成期，中国有什么优良条件？

A.气候温暖湿润
B.森林植被多
C.地质活跃

101.露天开采又被称为什么？

A.矿井开采
B.剥离法开采
C.竖直开采

102.对埋藏过深不适于用露天开采的煤层，就要采用什么方式开采？

A.露天开采
B.露天开采和矿井开采都可以
C.矿井开采

103.矿井有几种形式？

A.一种
B.两种
C.三种

104.下列哪种方法能将煤从煤层中非常方便地连续运输出来？

A.竖井
B.斜井
C.平硐

105.下列哪一项是煤炭的主要用途？

A.炼焦和动力
B.炼焦炭
C.动力

106.焦炭是由什么高温冶炼而成？

A.炼焦煤
B.褐煤
C.贫煤

107.多少吨左右的炼焦煤才能炼一吨焦炭？

A.1.3 吨
B.8.3 吨
C.3.3 吨

108.中国的煤用来发电的约占多大比例？

A.1/3
B.1/2
C.2/3

109.石油的主要化学构成元素是什么？

A.碳、氢

B.碳、氢、氧

C.碳、氧

110.石头主要分为哪几种？

A.沉积岩、岩浆岩和变质岩

B.沉积岩、岩浆岩

C.岩浆岩、变质岩

111.石油可以用来做食用油吗？

A.能

B.不能

112.除了石油之外，下列哪一项是化学燃料？

A.煤

B.风能

C.太阳能

113.下列哪一项不是影响石头腐烂的因素？

A.温度的变化

B.水和有机物的化学腐蚀

C.地壳运动

114.研究表明，石油最少需要多久才能形成？

A.200 万年

B.300 万年

C.800 万年

115.只有小部分的什么样的植物死亡后才会形成石油？

A.单细胞

B.双细胞

C.单细胞和双细胞

116.石油本质上是什么？

A.碳水化合物

B.液态的碳氢化合物

C.固态的碳氢氧混合物

117.石油大多形成于什么时期？

A.楚汉时期

B.清朝

C.恐龙时期

118.超级卷流运动和石油的形成有关系吗？

A.有

B.没有

119.细菌分解残骸需要消耗什么气体？

A.二氧化碳
B.有害气体
C.氧气

120.高纬度的海水会流向何处？

A.更高纬度处
B.可能流向任何方向
C.低纬度地区海洋

121.煤炭和石油在形态上有什么差别？

A.一个固体，一个液体
B.一个固液态混合，一个液态
C.一个固态，一个固液态混合

122.石油是液状的，在运输上有什么优点？

A.节约费用
B.分布广，运输方便
C.更容易装进油箱或者管道内运输，在跨距离运输时很方便

123.石油和煤炭的燃烧值哪个比较高？

A.石油
B.煤炭
C.无法比较

124.石油能不能取代煤炭？

A.能
B.不能

125.“石油”一词，在古代就有了吗？

A.有
B.没有

126.我们又把刚刚从地底下开采出来的黑色油状液体叫作什么？

A.原油
B.石油产品
C.一级石油

127.原油和石油是同一种东西吗？

A.是
B.不是
C.不一定

128.石油和原油的唯一区别是什么？

A.成分完全不同
B.所代表的范围的不同
C.外形不同

129.为什么原油被开采出来之后不能叫作石油产品呢？

A.构成不同

B.原油要经过一个“石油精炼”的过程，才能从中提取出不同的可以使用的石油产品

C.遵从习惯

130.原油其实是一种化学物质的混合物，这种化学物质叫作什么？

A.烃

B.烷

C.烯

131.怎样从原油中分离出不同的石油产品呢？

A.利用不同石油产品的沸点不同来分离

B.利用不同石油产品的使用价值不同来分离

C.利用不同石油产品的提取方式难易度不同来分离

132. 列举一种生活中常见的石油产品

A.汽油

B.蜡

C.煤球

133.柴油有什么作用？

A.发电机的原料，可以作为燃料和工业原料使用

B.汽车发动机的燃料

C.点灯

134.柴油、汽油、煤油的用处相同吗？

A.相同

B.不同

C.有时相同，有时不同

135.可以使用什么石油产品来减少物体运动的摩擦呢？

A.蜡

B.煤油

C.润滑剂

136.沥青是不是石油产品？

A.是

B.不是

C.有时不是

137.下列选项中对于天然气用处的说法哪种是错误的？

A.只有科研价值

B.汽车发动

C.供家庭使用

138.天然气是从原油中提炼出来的石油产品吗？

A.是
B.不是

139.有原油的地方就有天然气吗？

A.对
B.不对
C.不一定

140.我们把藏有天然气的地下层称作什么？

A.地气层
B.气窖
C.气藏

141.由植物死亡后的残骸埋藏于地下形成的是什么物质？

A.煤炭
B.天然气
C.核能

142.生物遗体是怎样形成石油的？

A.气化
B.地下温度很高，压力很大，加上细菌分解
C.压缩

143.动植物一步步分解只能转化为石油吗？

A.是
B.不是

144.石油和天然气形成时参与分解活动的细菌一样吗？

A.不一样
B.一样

145.“油气”是哪两种能源结合的？

A.天然气和石油
B.天然气和汽油
C.石油和汽油

146.天然气安全吗？

A.安全
B.不安全

147.当同时燃烧1千克煤炭与1立方米的天然气时，煤炭与天然气哪一个释放的热量多？

A.煤炭
B.天然气

148.下列哪种能源可以预防一氧化碳中毒？

A.石油

B.煤油

C.天然气

149.制作农田使用的氮肥的最佳原料是什么？

A.氧气

B.氢气

C.天然气

150.用天然气制作的氮肥对环境的污染状况是怎样的？

A.污染少

B.污染很大

C.视具体情况而定

151.天然气可以发电吗？

A.不可以

B.可以

152.使用下列哪种燃料的汽车更加环保耐用？

A.柴油

B.汽油

C.天然气

153.第一次发现天然气是在什么时候？

A.公元前 5000~ 公元前 2000 年间

B.公元前 6000~ 公元前 2000 年间

C.公元前 4000~ 公元前 2000 年间

154.最初中国是怎样利用天然气的？

A.照明

B.取暖

C.煮盐

155.最早开创新技术同时开采出天然气和石油的是哪个国家？

A.中国

B.英国

C.美国

156.下列哪个国家铺设了第一条天然气长输管道？

A.中国

B.美国

C.伊朗

157.当天然气气田与石油层共存，开采时与原油同时被采出的气体称为什么？

A.伴生气
B.非伴生气
C.煤气

158.油田中天然气与什么共存形成“油田气”？

A.汽油
B.煤油
C.原油

159.非伴生气不包括下列哪一项？

A.纯气田天然气
B.煤气
C.凝析气田天然气

160.凝析气田天然气形成的液体叫作什么？

A.凝析水
B.凝析油
C.凝析物

161.高压瓶怎样将天然气装进去？

A.增加压力
B.减小压力
C.倒入

162.“液化天然气”是怎样产生的？

A.天然气由固态变为液态
B.天然气就气态变为固态
C.天然气由气态变为液态

163.变成液态的天然气体积会变小吗？

A.会
B.不会

164.天然气气源地与用户点之间相隔的全是陆地时一般怎样运输？

A.高压瓶运输
B.管道运输
C.直接运输

165.核能是怎样产生的？

A.由原子产生的能量
B.由质子产生的能量
C.由地心产生的能量

166.原子是由什么构成的？

A.原子和质子
B.原子核和电子
C.电子和质子

167.核能是由什么爆发出的能量？

A.电子
B.原子核
C.地核

168.原子能利用什么反应使原子核内部的结构发生变化？

A.摩擦
B.物理反应
C.核反应

169.用锤子砸开一种物质就能获取核能吗？

A.能
B.不能

170.原子核中的质子和中子是怎样分开的？

A.核反应
B.物理反应
C.压缩

171.核反应不包括下列哪一项？

A.核聚变
B.核裂变
C.分裂

172.太阳内部爆发的能量是通过什么变化产生的？

A.核裂变
B.核聚变
C.核衰变

173.核能发电是清洁的发电方式吗吗？

A.是
B.不是

174.下列关于核能发电的叙述哪项是正确的？

A.风能比核能要更清洁
B.核能发电比煤炭发电产生的粉尘少
C.核能发电比煤炭发电产生更多硫化物

175.能够发出100万千瓦的核电站占地面积是风能的百分之多少？

A.50%
B.80%
C.5%

176.只有核能才会产生辐射吗？

A.是
B.不是

177.下列哪项不是我们经常利用的核反应？

A.核裂变

B.核聚变

C.核衰变

178.铀的储量有多少？

A.275 万吨

B.490 万吨

C.50 万吨

179.下列哪一项不是核聚变的原料？

A.铀

B.氚

C.锂

180.1 升的海水大约能提取出多少毫克氚？

A.10 毫克

B.20 毫克

C.30 毫克

181.1 千克的铀 -235 裂变可以产生多少焦耳的能量？

A.4 亿焦耳

B.6.5 亿焦耳

C.685.5 亿焦耳

182.1 千克铀 -235 元素，裂变可以产生的能量大约是 1 千克石油燃烧的多少倍？

A.100 倍

B.163995 倍还多

C.10000 倍

183.核弹爆炸后，周围会形成冲击波吗？

A.会

B.不会

C.视具体情况而定

184.下列关于原子弹的描述，哪项是正确的？

A.原子弹爆炸后会在周围产生极高的温度

B.原子弹最少需要在 1 秒的时间内爆炸

C.核爆炸发出的光没有辐射

185.长年累月地使用化石能源会造成温室效应吗？

A.会

B.不会

186.核能是清洁能源吗？

A.是

B.不是

187.核燃料密度高还是低？

A.低

B.高

C.时高时低

188.核能的利用率高吗？

A.不一定

B.高

C.不高

189.清洁能源和新能源是同一个概念吗？

A.是

B.不是

190.新能源一定是清洁能源吗？

A.是

B.不是

191.排放污染物的能源是什么能源？

A.新能源

B.没有经过清洁化处理的化石能源

C.清洁能源

192.区别于传统能源之外的新发现的可再生清洁能源属于下列哪种类型？

A.化石能源

B.太阳能

C.新能源

193.太阳系的中心天体是什么星球？

A.地球

B.太阳

C.月亮

194.下列哪种能源不是源于太阳辐射？

A.风能

B.电磁能

C.太阳能

195.太阳能是太阳辐射的能量吗？

A.是

B.不是

196.太阳的表面有多少摄氏度？

A.15000 摄氏度

B.8888 摄氏度

C.6000 摄氏度

197.太阳能主要有几种利用形式？

A.1 种
B.2 种
C.3 种

198.下列哪一项不是利用太阳能的主要方式？

A.太阳光发电
B.使用风能发电
C.利用太阳辐射产生的热量

199.太阳能发电需要什么工具？

A.光伏电板
B.电池
C.发动机

200.没有使用完的太阳能可以储存在光伏组件中吗？

A.可以
B.不可以

201.太阳是一个大火球吗？

A.是
B.不是

202.太阳辐射出的所有能量都可以到达地球吗？

A.可以
B.不可以

203.太阳和地球之间的距离有多长？

A.20689 万千米
B.14960 万千米
C.32901 万千米

204.根据推算太阳每秒钟辐射到地球的能量有多少焦耳？

A.1.765×1019 焦耳
B.1.765×1014 焦耳
C.1.765×1017 焦耳

205.太阳能是新能源吗？

A.是
B.不是

206.太阳能可以用完吗？

A.可以
B.短时期内不可以
C.太阳永远会存在并给予能量

207.太阳能的优点不包括以下哪一项？

A.太阳能需要巨大的采光仪器

B.太阳能缓解了常规能源的不足

C.太阳能完全没有污染

208.太阳能发电有缺点吗？

A.没有

B.有

209.生物质能就是生物排泄出的能量吗？

A.是

B.不是

210.生物本身蕴含的能量从哪里来？

A.太阳辐射

B.地球本身自带

C.水

211.能量来源的起始端是植物进行什么活动获得的？

A.呼吸作用

B.无氧呼吸

C.光合作用

212.燃烧干柴枯草是使用生物质能吗？

A.是

B.不是

213.农产品加工时的下脚料是生物质能吗？

A.是

B.不是

214.生物质能分为几大类？

A.四大类

B.五大类

C.六大类

215.下列哪一项不是生物质能的种类？

A.林业资源

B.动物种类

C.农业资源

216.动物粪便内的微生物与秸秆、稻草等在一起能够产生什么？

A.苔藓

B.蘑菇

C.沼气

217.生物质能最明显的特点是什么？

A.可以发电

B.总量庞大

C.可以燃烧

218.唯一一种可循环使用的碳能源是什么能源？

A.太阳能

B.生物质能

C.风能

219.生物质能会造成二氧化碳污染吗？

A.会

B.不会

220.生物质能会产生污染吗？

A.会

B.不会

221.生物质能可再生吗？

A.可再生

B.不可再生

222.据统计，地球每年通过光合作用所产生的物质所蕴含的能量是全世界能源消耗总量的多少倍？

A.1~2 倍

B.10~20 倍

C.20~40 倍

223.我们对生物质能的利用率能达到百分之几？

A.3%

B.5%

C.20%

224.下列哪一项对生物质能的利用方式是最浪费的？

A.直接燃烧

B.热化学转换

C.生物化学转换

225.人类在没有煤炭的时候使用什么点灯？

A.木柴

B.煤油

C.石油

226.下列描述哪项是错误的？

A.人们在荒漠中携带并使用固态脂肪

B.皮特是航海史上第一个使用脂肪作为燃料的人

C.人们可以用棉布吸取液态脂肪点燃来使用

227.使用脂肪为驱动能源的船速度大约有多少？

A.每小时 90 公里

B.每小时 160 公里

C.每小时 74 公里

228.行驶约 4.5 万公里的航程，如果全程都采用脂肪作为燃料，大约需要多少脂肪？

A.7 万公斤

B.9 万公斤

C.10 万公斤

229.风是能源吗？

A.是

B.不是

230.风和水有什么相同的特性？

A.固定性

B.常温性

C.流动性

231.风蕴含着何种形式的能量？

A.海洋能

B.电能

C.动能

232.风刮得越剧烈，所蕴含的动能就越怎样？

A.小

B.大

C.不变

233.让帆船航行千里利用的是什么能源？

A.太阳能

B.风能

C.海洋能

234.风能是近几年才被我们利用的吗？

A.是

B.不是

235.风能可以用来发电吗？

A.可以

B.不可以

236.利用风能一年能给我们提供多少电能?

A.8 亿千瓦时
B.90 亿千瓦时
C.10 亿千瓦时

237.风是空气流动形成的吗?

A.是
B.不是

238.风力最大为多少级?

A.0 级
B.13 级
C.12 级

239.人们有能力利用风力达到 12 级的风吗?

A.现在没有
B.有
C.永远没有

240.太阳能的百分之多少转化成了风能?

A.12%
B.2%
C.10%

241.风能对太阳能的吸收比植物多还是少?

A.多
B.少
C.一样多

242.风能是可再生能源吗?

A.是
B.不是

243.风能稳定吗?

A.稳定
B.不稳定

244.风能的转化率高吗?

A.不高
B.高
C.根据风力大小有所不同

245.负责外部生命活动运行的天体是什么?

A.地球
B.月亮
C.太阳

246.地球的中心大概在多少摄氏度左右？

A.10000 摄氏度

B.7000 摄氏度

C.3000 摄氏度

247.地球的内部，绝缘的那一层叫什么名字？

A.地壳

B.岩石圈

C.地幔

248.温泉是地热的一种表现吗？

A.是

B.不是

249.地球的中心叫作什么？

A.地幔

B.地心

C.地壳

250.地热是怎么形成的？

A.地球内部所富含的放射性元素聚变产生的

B.地球内部所富含的放射性元素衰变产生的

C.地球内部所富含的放射性元素裂变产生的

251.地球是静止的吗？

A.是

B.不是

252.太阳辐射到地球的能量，有多少被地表所吸收？

A.30%

B.20%

C.66%

253.地热能共有几种类型？

A.2 种

B.5 种

C.7 种

254.水热型地热温度能达到多少？

A.200 摄氏度

B.390 摄氏度

C.500 摄氏度

255.沉积盆地、地压、干热岩型的地热，哪种温度最高？

A.沉积盆地型

B.地压型

C.干热岩型

256.火山爆发温度能达到多少？

A.800 摄氏度

B.1000 摄氏度

C.600 摄氏度

257.地热能可以发电吗？

A.可以

B.不可以

258.地热能在发电过程中起到了什么作用？

A.把水加热成蒸汽并使其向上喷出

B.只把水加热成热水

C.带动发电机运转

259.利用天然地热蒸汽发电时，我们需要用什么机器带动发电机？

A.蒸汽机

B.涡轮器

C.燃料器

260.当可利用的地热温度超过多少度以上时，我们就可以直接发电了？

A.1000 摄氏度

B.100 摄氏度

C.200 摄氏度

261.地球本身哪里的温度最高？

A.地球表面

B.地心

C.赤道

262.地热一般情况下是以什么形式出现在地球表层的？

A.蒸汽或者热水

B.固体

C.颗粒

263.地热大多分布在哪种地方？

A.地球板块的边缘

B.地层厚的地方

C.热带地区

264.世界上主要的地热能分布的区域不包括哪里？

A.红海

B.北冰洋

C.亚丁湾

265.海浪翻滚汹涌时，海洋会产生什么能量？

A.动能和势能

B.热能

C.潮汐能

266.海洋能具体包括哪三种能量？

A.潮汐能、动能以及热能

B.动能、机械能以及热能

C.潮汐能、机械能以及热能

267.海面上的能量属于海洋能吗？

A.不属于

B.属于

268.海洋中数量巨大的生物质能是怎样产生的？

A.根本不能产生

B.海面上波浪的翻滚

C.海洋的内部养育的生命

269.地球表面百分之多少都是海洋？

A.90%

B.80%

C.71%

270.海洋能是可再生能源吗？

A.不是

B.是

271.单位体积内海洋拥有的能量是多还是少？

A.多

B.少

272.海洋的波浪能是哪种能源？

A.不稳定也不规律的能源

B.稳定的能源

C.规律的能源

273.海平面的高度发生了改变，会产生何种形式的能量？

A.电能

B.势能

C.温差能

274.波浪前进翻涌时产生了什么形式的能量？

A.动能和势能

B.电能

C.温差能

275.含盐量不同的海水，会产生何种形式的能量？

A.温差能

B.动能

C.盐差能

276.下列哪一项能量形式不属于海洋能？

A.势能
B.电能
C.动能

277.世界上最轻的元素是什么？

A.碳
B.氧
C.氢

278.“氢”元素占了整个宇宙质量的百分之多少？

A.55%
B.75%
C.65%

279.人们如何获取氢气？

A.直接使用空气中的氢
B.通过反应获取氢气
C.只能通过电解水获取

280.氢能是一次能源吗？

A.是
B.不是

281.水是由哪两种元素构成的？

A.氧和氢
B.氢和碳
C.碳和氧

282.电解水可以得到氢气吗？

A.可以
B.不可以

283.碳与水蒸气在一定条件下反应可以得到氢气吗？

A.可以
B.不可以

284.我们如何从空气中收集氢气？

A.蒸发液态空气，当温度到达氢气沸点时分离氢气
B.使空气与碳反应
C.利用太阳能分离氢气

285.氢能和太阳能有什么区别？

A.氢能是二次能源
B.氢能没有污染
C.氢能可再生

286.氢元素通常以什么形式存在？

A.液体
B.气体
C.固体

287.1千克煤炭和1立方米氢气谁放的热量多？

A.煤炭多
B.一样多
C.氢气多

288.氢气易爆吗？

A.易爆
B.不易爆
C.有时易爆，有时不易爆

289.氢气的热值高吗？

A.不高
B.极高
C.燃烧的时候高

290.氢可以作为发动机燃料供应汽车吗？

A.可以
B.不可以

291.氢燃料电池是运用制造氢能的什么反应制成的？

A.逆反应
B.生物反应
C.呼吸反应

292.当氢燃料电池工作时，氢气会怎样？

A.被释放出来产生氢能
B.被储存起来产生氢能
C.被制造出来

293.氢能不是什么能源？

A.不可再生能源
B.二次能源
C.清洁能源

294.使用氢能有几大问题？

A.二个
B.三个
C.四个

295.下列哪一项不是氢能利用中的问题？

A.利用效率低
B.氢气热值太高
C.制造成本高

296.氢能容易运输吗？

A.不容易
B.容易
C.视具体情况而定

297.能源危机表现在哪个方面？

A.氢能利用率低
B.百年以后传统的化石能源可能会被用光
C.有的国家使用新能源的技术落后

298.太阳能发电，可以将太阳辐射能的百分之多少转化成电能？

A.20%
B.60%
C.10%

299.世界上每年产生的生物质能可以给多少生物提供能量？

A.30 亿吨
B.50 亿吨
C.80 亿吨

300.自然界不能直接提供给我们什么能源？

A.氢能
B.生物质能
C.风能

301.下列哪一项是目前人类使用最广泛的能源？

A.化石能源
B.太阳能
C.风能

302.化石能源产生于什么时代？

A.远古时期
B.恐龙时代
C.第二次工业革命时期

303.能源的可持续发展需要逐步使用新能源来替代化石燃料吗？

A.不需要
B.需要

304.短期内我们可以用新能源替代化石能源吗？

A.可以
B.不可以

305.下列哪一项不是自然资源？

A.农业资源
B.林业资源
C.人力资源

306.中国最近地震频发是受了下列哪种影响？

A.过度开发资源

B.泥石流

307.过度开采的危害不包括下列哪一项？

A.新能源利用率低

B.加速资源枯竭

C.引发自然灾害

308.下列哪一项不是实践资源可持续发展的做法？

A.保护自然资源

B.铺张浪费

C.普及生态科学、环境保护知识

309.节能是什么意思？

A.在完成需要做的事的同时尽可能减少能源消耗

B.减少能源消耗，不管是否影响正常生产生活

C.不使用化石能源

310.坐公交车为什么节省了能源？

A.公交车耗能少

B.和每个人都开小汽车相比，大家都坐公交车提高了能源使用的效率

C.公交车能将热能转化为动能

311.使用等量的能源，却取得了比预期更多的收获是节能吗？

A.是

B.不是

312.节能的方法唯一吗？

A.唯一

B.不唯一

313.中国是怎样处理垃圾的？

A.焚烧

B.掩埋

C.填湖

314.掩埋过垃圾的土地还可以耕种吗？

A.可以

B.不可以

315.垃圾焚烧时释放出的有毒气体叫作什么？

A.甲烷

B.二氧化碳

C.二噁英

316.垃圾可以回收利用吗？

A.可回收垃圾可以

B.不可以

C.全部垃圾都可以

317.熟食的加热为什么最好选用微波炉？

A.微波能杀菌

B.微波炉耗能最少

C.微波炉放热效率最高

318.为什么我们在做饭的时候要少蒸饭，多焖饭？

A.蒸饭的能耗高，焖饭的能耗低

B.焖饭好吃

C.文中没提

319.食物快煮好的时候我们该怎么做？

A.加大火力继续煮

B.保持火力不变

C.关掉炉火，让余热把食物煮熟

320.为什么要保持电磁炉表面的清洁？

A.看起来干净

B.避免表面结膜，影响导热，增大能耗

C.减少细菌附着

321.工业对能源的需求量非常大吗？

A.不大

B.非常大

C.有时大，有时不大

322.为什么中国是一个能耗大国？

A.中国技术落后

B.中国的工业能源利用率低

C.中国的能源比别的国家多，可以随便消耗

323.怎样提高能源利用率？

A.科研进步

B.询问工厂的工人师傅

C.尝试使用不同种类的能源

324.余热可以用在哪些地方？

A.做饭

B.为居民供暖或者发电

C.洗澡

325.下列哪一项是中国居民出行的主要方式？

A.飞机

B.客轮

C.汽车

326.下列哪一项不属于新型能源？

A.液化天然气

B.乙醇

C.汽油

327.为了节能，城市居民应当选用哪种交通方式出行？

A.私家车

B.公共汽车、轨道交通

C.视具体情况而定

328.飞机如何提高能源使用效率从而实现节能？

A.减少飞行

B.采用新型能源

C.降低飞机的负载

329.如何降低空调的能耗？

A.少使用空调

B.加氟

C.尽可能地封闭建筑

330.怎么样才能充分利用太阳能？

A.住在比较高的楼层

B.扩大窗户的面积

C.保持适当的建筑日照间距

331.下列哪一项能够减少建筑物的能耗？

A.多开窗通风

B.使用吸热性能好的建筑材料

C.在夏季多接受太阳辐射

332.如何从细节处做到建筑节能？

A.人走灯灭

B.空调开一整夜

C.文中没提

333.下列哪一种物质本可以被回收却被浪费掉了？

A.水

B.电

C.热蒸汽

334.为什么要将热蒸汽回收再利用？

A.因为热蒸汽有毒

B.因为热蒸汽回收能够节省成本

C.因为热蒸汽可以供暖

335.热蒸汽怎样回收利用？

A.使用蒸汽机来回收

B.通过把冷水变成热水利用

C.文中没提

336.热蒸汽在生产循环中能被循环利用吗？

A.无法确定
B.不能
C.能

337.家电节能认证标志有何帮助？

A.帮助人们选择功率适合的电器
B.没有帮助人们省钱
C.有的有，有的没有告诉人们家电的寿命

338.我们应该根据什么来确定选用多大功率的空调？

A.空调外观
B.房间大小
C.安装位置

339.常开关冰箱门影响冰箱寿命吗？

A.影响
B.不影响

340.对人体来讲，体感温度在多少度比较舒适？

A.30 摄氏度
B.25 摄氏度
C.27 摄氏度

341.地球上的能源是取之不尽用之不竭的吗？

A.是
B.不是

342.煤、石油、天然气都是不可再生能源吗？

A.是
B.不是

343.石油储量大约在何时会宣告枯竭？

A.2019 年
B.2200 年
C.2050 年

344.煤炭还能再维持多少年？

A.2000 年
B.200 年
C.169 年

345.能源存在危机吗？

A.有
B.没有

346.石油储量大约还有多少亿吨？

A.80亿~600亿吨

B.1180亿~1510亿吨

C.1180亿~3800亿吨

347.每年整个世界石油的开采量大约有多少亿吨？

A.68亿吨

B.65亿吨

C.33.2亿吨

348.天然气储备大约还有多少兆立方米？

A.31800兆~52900兆立方米

B.131800兆~152900兆立方米

C.1654900兆~1890800兆立方米

349.太阳比人类存在的时间长吗？

A.比人类长

B.比人类短

C.文中没提

350.太阳是什么星？

A.星云

B.恒星

C.行星

351.太阳的生命分为几个阶段？

A.三个

B.四个

C.五个

352.太阳现在处于哪个年龄段？

A.白矮星阶段

B.红巨星阶段

C.主序星阶段

353.环境的污染和能源的使用有关联吗？

A.有

B.没有

354.家庭使用的电通常是怎样产生的？

A.风力发电

B.电池储存的电量

C.化石燃料转换而来

355.汽油是从什么物质内提炼出来的？

A.煤炭

B.石油

C.天然气

356.化石能源大量燃烧会产生什么气体？

A.氧气
B.二氧化碳
C.氢气

357.绿色能源包含几类？

A.1类
B.2类
C.3类

358.下列哪一项是核能需要消耗的燃料？

A.铀
B.铝
C.镁

359.掩埋核能废料的土地还能耕种吗？

A.能
B.不能

360.水力发电对环境有什么不利影响？

A.排放污染
B.影响下游水流的流态，使水生生物受到威胁
C.消耗大量原材料

361.一条由乌兹别克的棉花所制成的牛仔裤要周游世界约多少千米的路程，才能最终到达我们的手中？

A.2168千米
B.23240千米
C.25489千米

362.以前生产的运动鞋内大多充填了什么气体使鞋子穿起来更舒适？

A.二氧化碳
B.三氧化硫
C.六氟化硫

363.六氟化硫造成温室效应的效果是二氧化碳的多少倍？

A.22200倍
B.222000倍
C.22220倍

364.牛仔裤和鞋子会间接增加碳排放吗？

A.不会
B.会

365.地球气候反常是由什么效应引起的？

A.温室效应

B.绿化效应

C.蝴蝶效应

366.人类呼出的二氧化碳会被什么吸收？

A.动物

B.微生物

C.植物

367.温室效应的产生是下列哪种气体排放的增多？

A.氧气

B.二氧化碳

C.氢气

368.汽车尾气排放不会引起下列哪种现象？

A.污染大气

B.使汽车数量多的城市温度降低

C.产生热流

369.化石能源是碳氢化合物吗？

A.是

B.不是

370.能源植物分泌的乳汁和下列哪种能源类似？

A.煤炭

B.石油

C.天然气

371.香波树是哪国的？

A.中国

B.美国

C.巴西

372.中国有能源植物吗？

A.有

B.没有

373.据推测，地球上海洋波浪蕴藏能量可以提供多少千瓦的电量？

A.109 千瓦

B.910 千瓦

C.10 万亿千瓦

374.可燃冰融化释放出的可燃气体是它本身体积的多少倍？

A.50 倍

B.100 倍

C.200 倍

375.地球上煤成气大概有多少立方米？

A.2000 万亿立方米
B.3000 万亿立方米
C.800 万亿立方米

376.微生物所蕴含的生物质能可以做什么？

A.制乙醇
B.促进甜菜生长
C.不一定释放煤或气

377.未来能源都清洁吗？

A.是
B.有的清洁，有的不清洁
C.都不清洁

378.可燃冰可再生吗？

A.不可以
B.可以

379.同等条件下，可燃冰燃烧产生的能量比煤要多出多少倍？

A.5 倍
B.10 倍
C.数十倍

380.煤成气清洁吗？

A.清洁
B.不清洁

381.太阳每分钟辐射到地球上的热能有多少？

A.相当于燃烧 500 万吨煤发出的热量
B.很少
C.相当于燃烧 500 吨煤发出的热量

382.预计地球上现有探明的石油储量只能够再供人类使用多少年？

A.不到 20 年
B.不到 50 年
C.不到 100 年

383.除了太阳和月球，宇宙中还有别的星球含有能源吗？

A.有
B.没有

384.外星星球所蕴含的能源丰富吗？

A.几乎是无穷无尽的
B.很少
C.尚不可知

Mr. Know All
互动问答**答案**

001	002	003	004	005	006	007	008	009	010	011	012	013	014	015	016
A	B	C	B	B	A	C	C	B	B	C	B	A	B	B	C
017	018	019	020	021	022	023	024	025	026	027	028	029	030	031	032
B	C	B	A	B	A	B	B	B	A	B	A	B	C	C	B
033	034	035	036	037	038	039	040	041	042	043	044	045	046	047	048
B	A	C	A	A	B	B	C	C	B	C	B	A	B	A	C
049	050	051	052	053	054	055	056	057	058	059	060	061	062	063	064
B	C	A	B	C	A	A	B	A	B	A	C	A	B	B	A
065	066	067	068	069	070	071	072	073	074	075	076	077	078	079	080
A	C	B	B	A	C	C	C	C	A	B	A	A	B	A	C
081	082	083	084	085	086	087	088	089	090	091	092	093	094	095	096
B	A	B	B	C	B	C	A	A	B	A	A	B	A	B	B
097	098	099	100	101	102	103	104	105	106	107	108	109	110	111	112
A	A	A	A	B	C	C	C	A	A	A	A	B	A	B	A
113	114	115	116	117	118	119	120	121	122	123	124	125	126	127	128
C	A	A	B	C	A	C	C	A	C	A	B	A	A	C	B
129	130	131	132	133	134	135	136	137	138	139	140	141	142	143	144
B	A	A	A	A	B	C	A	A	B	C	C	A	B	B	A
145	146	147	148	149	150	151	152	153	154	155	156	157	158	159	160
A	A	B	C	C	A	B	C	B	C	A	B	A	C	B	B
161	162	163	164	165	166	167	168	169	170	171	172	173	174	175	176
A	C	A	B	B	A	B	C	A	B	B	C	B	A	C	B
177	178	179	180	181	182	183	184	185	186	187	188	189	190	191	192
A	B	C	B	C	B	A	C	C	B	A	A	A	A	B	C
193	194	195	196	197	198	199	200	201	202	203	204	205	206	207	208
B	B	A	C	B	B	A	A	A	B	B	C	A	B	A	B
209	210	211	212	213	214	215	216	217	218	219	220	221	222	223	224
B	A	C	A	A	B	B	C	B	B	B	A	A	B	A	A
225	226	227	228	229	230	231	232	233	234	235	236	237	238	239	240
B	A	C	A	A	C	C	B	B	B	A	C	A	C	A	B
241	242	243	244	245	246	247	248	249	250	251	252	253	254	255	256
A	A	B	A	C	B	B	A	B	B	B	C	C	B	C	B
257	258	259	260	261	262	263	264	265	266	267	268	269	270	271	272
A	A	B	C	B	A	A	B	A	C	B	C	C	B	B	A
273	274	275	276	277	278	279	280	281	282	283	284	285	286	287	288
B	A	C	B	C	B	B	B	A	A	A	A	A	B	C	A
289	290	291	292	293	294	295	296	297	298	299	300	301	302	303	304
B	A	A	A	A	C	B	A	B	C	C	A	A	B	B	B
305	306	307	308	309	310	311	312	313	314	315	316	317	318	319	320
C	A	A	B	A	B	A	B	B	B	C	A	B	A	C	B
321	322	323	324	325	326	327	328	329	330	331	332	333	334	335	336
B	B	A	B	C	C	B	B	C	C	B	A	C	B	B	C
337	338	339	340	341	342	343	344	345	346	347	348	349	350	351	352
A	B	A	C	B	A	C	C	A	B	C	B	A	B	B	C
353	354	355	356	357	358	359	360	361	362	363	364	365	366	367	368
A	C	B	B	B	A	B	B	B	C	A	B	A	C	B	B
369	370	371	372	373	374	375	376	377	378	379	380	381	382	383	384
A	B	C	A	A	B	A	A	B	A	C	A	A	B	A	A

电能多是以电流的形式传播的。

帆船能将风能转化为航船前进
的动能。

钻木取火是人类在利用能源方面的首次重大突破。

水坝可用于水力发电。

波浪能是指波浪拥有的所有动能与势能。

化学能是化学反应时所释放的能量。

Mr. Know All
从这里，发现更宽广的世界……

Mr. Know All

小书虫读科学